世界与自我

INCREDIBLE

DOGS

IN ART HISTORY

这幅画里原来有狗

8000 年艺术史中的狗

周文翰 —— 著

四川科学技术出版社

图书在版编目（CIP）数据

这幅画里原来有狗 / 周文翰著. —— 成都：四川科学技术出版社，2019.2

ISBN 978-7-5364-9382-7

Ⅰ.①这… Ⅱ.①周… Ⅲ.①犬－文化－世界②艺术品－介绍－世界 Ⅳ.①S829.2②J111

中国版本图书馆CIP数据核字(2019)第032034号

这幅画里原来有狗

ZHE FU HUA LI YUANLAI YOU GOU

著　　者　周文翰

出 品 人　钱丹凝
责任编辑　王双叶　梅　红
封面设计　王　媚
版面设计　baopress@outlook.com
责任出版　欧晓春
出版发行　四川科学技术出版社
　　　　　成都市槐树街2号　邮政编码 610031
　　　　　官方微博：http://e.weibo.com/sckjcbs
　　　　　官方微信公众号：sckjcbs
　　　　　传真：028-87734035
成品尺寸　185 mm × 260 mm
印　　张　17.5　字数 350千
印　　刷　北京鲁汇荣彩印刷有限公司
版　　次　2019年5月第1版
印　　次　2019年5月第1次印刷
定　　价　99.00元

ISBN 978-7-5364-9382-7

邮购：四川省成都市槐树街2号　邮政编码：610031
电话：028-87734035

《比格犬在追踪猎物》（*Beagles in Full Cry*）
约翰·戴比（John Dalby），1845 年，布面油画，36.8 cm × 48.9 cm，美国耶鲁大学英国艺术中心

《十骏犬图》十开册页之"漆点猣"（局部）

艾启蒙（Jgnatius Sickeltart），清代乾隆时期，纸本设色，24.5 cm×29.3 cm，北京故宫博物院

序言

　　有几年，在旅途中我喜欢在酒店健身室的跑步机上一边快走，一边看电视节目《狗语者》，这是跟踪拍摄一位驯狗专家如何在美国各地"矫正"各种问题宠物狗的纪录片。很快我就对那位专家使用的方法烂熟于心，还曾向有类似困扰的朋友传授关键的几招。这个电视节目吸引我的还有那些吵吵闹闹的狗和穿着、性格、住所、家庭构成各异的主人之间的关系，从中不仅可以看到它们如何与人之间互动和彼此影响，还能了解家庭和社会运行的其他小秘密。这个节目也让我意识到狗在当代人的生活中竟然有如此重要的地位，据统计，美国有超过5 000万家庭养狗，巴西和中国各有大约3 000万家庭养狗。这是个庞大的数据，无论养不养狗，人们都需要面对如何与狗相处的问题。

　　电视中的那些狗常常让我回忆起小时候的经历。我父母养过一条白色的土狗，毛发长而浓密，对三四岁的我来说它是个大家伙，几乎快与我的肩部同高。我无数次踮着脚爬上它的背部，想像骑马那样让它驮着我奔跑，可总是没走几步路我就滑落下来。显然，狗和我都不适应骑行。后来，我曾带着它到附近的山上玩，如果碰见兔子或者野鸡，我就使劲驱赶它去追，它只能装模作样冲出去瞎跑一会儿，然后气喘吁吁地回头张望，无奈地低头回来。它最大的作用是晚上看家守夜，一听到有陌生人靠近院子，它就会汪汪汪地叫嚷。后来，这条白狗越来越老，走路越来越慢，有一天去世了。

关于狗我也有过很恐惧的经历。小学时到乡下舅舅家玩，去田里摘西瓜的路上突然跑出一条黑狗，狠狠地咬了我的大腿一下。从此我见了路边的野狗总有点害怕，要么小心地避开它们另寻新路，要么捡根木棍之类的拿着才敢缓缓路过。尤其是去印度旅行时，几乎处处都有野狗游荡，我与它们相遇时只敢"敬而远之"。印象深的是印度南部喀拉拉邦那些黑黄毛色的土狗，它们总是横躺在树荫或桌子下半睡半醒，懒洋洋地张着嘴巴，蔫蔫的、瘦瘦的，露出肋骨的嶙峋构造。它们对大多数响动都充耳不闻，只有婚宴上热闹的音乐会让它们醒来找寻点儿零碎吃，我一直怀疑它们是否有力气去捕捉老鼠什么的打一下牙祭。

有了以上关于狗狗的经历和记忆，在旅行中参观各类博物馆时，即便是观赏那些描绘神与人的煊赫作品时，我也爱细看一眼边边角角的动植物形象，尤其是狗的身姿。狗作为人类最忠实、最长久的动物伙伴，已经和人类共同生活了3万多年，也很早就在艺术中出现。2017年，德国考古学家在沙特阿拉伯西北部的沙漠中，发现了距今约8 000年的猎犬岩画，其中描绘了人们用皮绳牵着尖耳朵、短鼻子和尾巴向上卷曲的猎犬辅助狩猎，与羚羊、山羊、鹿乃至狮子对峙的场景。人们在伊朗出土的陶器残片上也发现了7 000多年前关于狗的绘图，那时候人们就把狗用作实用器物的装饰图像。

此后，狗就成了世界各地的工匠、艺术家们塑造和描绘的对象，从实用器物的装饰图案，到各种雕塑、壁画、水墨画、油画、漫画、电影作品，狗都陪伴着人类一起出现，甚至成为主角。它们和人一起经历激烈的捕猎、吃愉快的早餐、享受悠闲的下午时光，又一起面对无奈和悲伤的场景。

费城美术馆收藏的一张《玩锦鸡羽毛的小狗》是我最感兴趣的关于狗的画作之一：一只毛茸茸的小狗嘴里嘤着羽毛，这或许是它从某个权贵富豪的花园中捡到的，也可能是它自己在一场失败捕猎后的仅有收获。考虑到这件作品有可能是 16 世纪朝鲜王国的画家李岩所作，或许前一种情况最有可能。李岩是朝鲜世宗第四子的曾孙，曾担任五品官员杜城令，是当时最知名的花鸟、人物画家之一，他或许在亲友或自己的花园里见识过这一幕。

与之异曲同工的是，300 年后伦敦的女画家艾米莉·亨特在哥哥——著名画家威廉·霍尔曼·亨特的帮助下绘制了一幅《嫉妒的杰西》：宠物狗"杰西"安静地卧在草地上，下巴压着一根孔雀的羽毛，不知道因为什么原因，眼神仿佛充满嫉妒。

从某种意义上来说，这两张画中的狗都巧妙地连接了"宠物犬"和"猎犬"这两种有关狗的"主导性历史角色"，可以让人联想到许多画面之外发生的故事。这，或许就是艺术对人而言最伟大的作用——在凝视的那一瞬间唤起我们无尽的情感、记忆和想象。

《玩锦鸡羽毛的小狗》
传为朝鲜画家李岩所作，16 世纪，绢本设色，31.14 cm×43.84 cm

4

《嫉妒的杰西》（*Jealous Jessie*）
艾米莉·亨特（Emily Hunt）和威廉·霍尔曼·亨特（William Holman Hunt），1861 年，纸上水彩、铅笔，25.4 cm×35.5 cm

《小腊肠犬》（*Junger Dackel*），卡尔·莱克特（Carl Reichert），1918 年，木板油画，21 cm × 16 cm

目录

第一章

从狼到狗

当欧亚灰狼被驯化成了猎犬，它们就成了人类狩猎的助手。人们在猎犬的帮助下不仅灭绝了欧亚灰狼，也四处狩猎灰狼、红狼等各种狼。这是因为在人和野狼相邻的地带，常常出现野狼侵害牛、羊等家畜的事件，对人类造成了威胁。随着人类定居点的扩展，人们总是尽力捕杀清除周围的狼群，许多地方的狼因此都濒临灭绝，诸如日本狼、纽芬兰狼、佛罗里达黑狼、基奈山狼等都遭到灭绝。

17 世纪上半叶，著名的法国狩猎画家亚历山大·弗朗索瓦·德波特斯（Alexandre-François Desportes）描绘过猎狼的场景。尽管单个的灰狼通常要比单只猎犬更厉害，可是在一群猎犬的围攻下灰狼只能无奈挣扎。德波特斯是那个时代最受欢迎的画家之一，法国国王路易十四委托他创作了一系列大型狩猎画。画家跟随国王一起出猎，带着一个小笔记本绘制狩猎活动各种场景的现场素描，然后让国王选择自己喜欢的场景，在画室中绘成大型油画。

《猎狼》（*La chasse au loup*）
亚历山大·弗朗索瓦·德波特斯，1725 年，布面油画，法国雷恩美术馆

家犬，又名狗，是人类驯养的家畜，也是人类最要好的动物伙伴，彼此的关系比马、猫等所有其他家畜、宠物都要亲密而长久。有科学家研究发现，狗已经与人类共同生活了超过 3 万年之久。早在古人靠采集果实、狩猎动物维生的时代，狗就追随着先民们四处迁徙，伴随着人类一起壮大繁荣。现在全世界有大小、形色各异的 400 多种家犬，数量多达 9 亿只。

有科学家认为，所有家犬的共同祖先都是已经灭绝的欧亚灰狼。欧亚灰狼和如今仍然存活的灰狼约在 30 万年前分化，两者的习性比较接近。后者一般重三四十公斤，绝大多数都有斑驳的灰色外毛，通常喜欢集体生活和捕猎，是欧亚大陆上典型的次级掠食者，只有人类、老虎等能对其构成严重的威胁。在许多文化中，狼也扮演着重要的角色，被人们视为神灵或者妖魔。

在哪个时间点上第一只欧亚灰狼被驯化成了狗？以前考古学家通过挖掘古人类生活遗址中的狗类骨骼研究狗的演化史，认为狗大约是在 1.4 万年前出现的。而最近十年，分子生物科学家通过研究这些骨骼和现代家犬包含的基因证据，将这个时间点向前推了近 2 万年。中外科学家研究发现，东亚南部的狗比其他区域的狗具有更高的遗传多样性，和欧亚灰狼的亲缘关系也最近，大约在 3.3 万年前，东亚南部的人最早将当地的欧亚灰狼驯化成了家犬[1-3]。

　　或许，最初东亚南部的聚落并没有想要主动驯化灰狼，两者仅仅维持了某种松散的"共生"关系。那时候各个小聚落中的人都是靠狩猎、采集维生，他们吃饱喝足以后常会遗弃难啃的骨头、腐坏的食物以及粪便之类的生活垃圾，一些欧亚灰狼发现在人类居住的山洞、树棚周围寻觅，不时就有意外的收获，把人类的垃圾当作食物要比自己费力去捕猎其他动物更划算。于是，一些聪敏的欧亚灰狼就长期跟随着人类的聚落迁徙，每当看到炊烟升起，它们就靠近聚落周围徘徊和"拾荒"，等待着"人弃我取"的"美食"。它们发现在人类聚落附近生活好处多多：可以获得更稳定的食物供应，而且还常常是好消化的熟食；这里也更加安全，其他大型动物通常不敢来侵扰掌握了火和矛的人类。

　　聚落中的民众容忍了这些欧亚灰狼在附近生存，毕竟它们仅仅是在垃圾堆中悄悄捡走残羹剩肉，然后躲入丛林中去消化，不会对聚落构成多大的威胁。人们也发现欧亚灰狼对自己有很大的帮助：它们处理食物残渣可以减少腐败的气味和改善卫生；它们听觉敏锐，有陌生人、动物接近聚落时会大叫，提醒人们注意。就这样，双方维持这种松散的关系过了许多年。

　　后来，有些灰狼在聚落附近生下小狼崽，有好事者捡回一两只幼崽回家中饲养。捡回的狼从小就和人生活在一起，与人有了更亲密的关系，对人的依附性更强。更重要的是，人们也发现它们的嗅觉相当发达，能够寻获聚落附近的野兔、野禽之类的小动物。从此，有人就开始训练它们协助自己狩猎，这大大增加了狩猎的成功率，让人在和其他动物的对抗中占据了更加有利的位置。人和"狼"都意识到了共存可以改善彼此的境遇，提高自己的生存机会，于是拉开了他们漫长故事的帷幕。

经过人对"狼"的不断驯化，以及这种"狼"的不断进化，狗诞生了。有了猎犬这个动物助手和弓箭这个强大的武器，人类在狩猎中占据了绝对优势。他们在森林、草原、山地四处猎杀大大小小的野兽，甚至在几千年前灭绝了家犬的祖先欧亚灰狼。

经过人类的长期驯化、选育，狗的外形、习性也逐渐和欧亚灰狼有了不同，且从纯肉食性动物变成了杂食性动物。家犬的头骨、牙齿、爪子都比野狼小，尾巴变得向上卷曲而不是像狼那样垂在后腿之间。狗的牙齿也逐渐从锋利变得更加整齐，口部的咬合力也没有狼那样厉害，因为家犬大多不必费力捕食。因为有了稳定的食物来源，大多数狗演化成了每年发情两次，而灰狼一年只发情一次。更重要的是，家犬的大脑要比灰狼小三成，科学家认为这是因为家犬和人类形成紧密的共生关系后，倾向于加强自己的社交能力而减弱处理野外求生、捕猎的智力，导致脑容量逐渐变小。家犬主要依靠不同的吠声与主人以及其他犬只进行交流，而狼主要借助面部表情来交流沟通，仅在极少数情况下会以嗥叫声作为工具。这种巨大的差别是因为狼在野外生活需要时刻小心谨慎，不敢闹出太大动静；而家犬和主人、其他猎犬之间可以通过吠叫进行直接、热切的互动。

东亚南部被驯化的狗和当地人一起生活了 1 万多年，约于 1.5 万年前陆续向南亚、中东、欧洲、北非和东亚、东北亚传播，在这个过程中不断杂交和分化。如传入欧洲的家犬可能早在 1.2 万年前就跟随人群穿过直布罗陀海峡抵达了北非[4]。传入西伯利亚的一些家犬曾与当地的野狼杂交。1.2 万年前，一些民众带着这种狗穿过白令海峡的冰面到了北美洲。在美国犹他州西部的一处洞穴中发现过距今约 1.1 万年的狗骨头，得克萨斯州的一处距今约 9 400 年的遗址中也残留有狗骨的碎片。

不过也有考古学家、科学家认为欧亚大陆西部的某部落也曾将当地的欧亚灰狼驯化成家犬。在德国波恩市附近出土过 1.47 万年前埋在主人身边的家犬的下颌骨，那或许是欧洲最早被驯化的家犬。可能因为品种不佳，约 6 400 年前，在中亚或西亚生活的部落将新一批起源于亚洲南部的家犬传入欧洲，并和之前欧洲本地的早期家犬、欧亚灰狼亚种进行杂交，演化出欧洲的各种家犬品种。

随着与人类共同生活时间的增加，很多狗的基因也适应人类社会的演变而不断进化，比如欧亚大陆多数部落陆续进入农业时代后，这些地方的家犬约在 7 000 年前就大大增加了有助于消化淀粉的基因，以使它们的肠胃更适应小麦、小米、大米等谷物，而西伯利亚雪橇犬和澳洲野狗因为与猎人、渔民生活在一起，经常吃的还是肉类，维持了肉食动物的基因。

对在不同环境、文化中生活的民众而言，家犬的地位和意义也有很大的差别。对有着悠久狩猎传统的中亚、西亚、欧洲游牧部族来说，猎犬是最重要的助手。他们崇奉猎犬，有许多相关的神话传说，人们也很少吃狗肉。他们的文化十分珍视和欣赏猎犬，如以色列北部的纳吐夫文化遗址中有1万年前人和狗合葬的墓地，墓穴中的狗被放置在主人的臂弯中，可以看出它是主人非常宠爱的伙伴。沙特阿拉伯西北部的舒瓦密斯（Shuwaymis）有一处古代崖刻，描绘了猎人们用皮绳牵着短鼻尖耳、尾巴卷曲的猎狗去捕猎山羊、瞪羚的场景，岩画上的犬只形象和现代阿拉伯地区野生的迦南犬近似。德国马克斯·普朗克人类历史科学研究所的玛丽亚·瓜宁博士（Maria Guagnin）认为这是8 000年前的部落先民雕刻的，是人类最早创造的狗的形象。[5]

在靠采集或农业种植维生的东南亚、东亚和太平洋岛屿的很多地方，人们对家犬的态度更加"实用主义"。这些地方的人养狗大多是为了看家护院，带着狗外出狩猎仅仅是极少数贵族、猎人的行为，并非主流的生产方式，所以人们有"狡兔死，走狗烹"的做法——当狗老了，无法再捕猎和看家护院，或者缺乏其他食物的时候，它们就会沦为主人的食物，甚至有些地方养狗的主要目的就是为了吃。如河北保定的南庄头遗址发现了距今约1万年的犬科动物遗骸，据推测是驯化的家犬[6]，可是它们的骨骸和鹿、狼等动物的骨骼一样被敲打成碎片丢弃，甚至有的头骨也被敲碎，可见它们都是部落中人食用的对象。那时候人们对待家犬的观念、伦理和当今的人有很大不同，这些地方很长时期内都延续着吃狗肉的传统。

无论如何，狗的驯化对人类而言意义重大。法国博物学家布封曾经盛赞狗对人类的帮助："随着对狗的驯化，人类开始了征服大地的行为……在自然界中，由于许多动物比人类灵敏、强壮、凶猛，所以当人类驯服狗之后，相当于获得了新的感官，弥补了人类本身的不足之处。虽然我们制造了多种机械器材，以便完善我们的感官，但从性能方面来说，这些器材无法与大自然提供的器材'狗'相提并论。"这位 18 世纪作家的论断有点夸张，他想不到之后人类陆续发明了火车、汽车、轮船、飞机、机枪、坦克、大炮乃至原子弹这些威力巨大的工具和武器，狗在它们面前变得无足轻重了。

19 世纪以来人类的众多新发明让狗在"实用层面"变得无关紧要了，可是狗在人们生活中的地位并没有因此降低。它们作为陪伴动物成为许多家庭中的一员，与人的互动更加紧密，获得了如同家人一样的关爱，也带给人们无尽的安慰与欢乐。

[1] 狗的祖先来自中国南方 [J]. 大众考古，2016(5): 94-94.

[2] Wang G D, Zhai W, Yang H C, et al. Out of southern East Asia: the natural history of domestic dogs across the world[J]. Cell research, 2016, 26(1): 21-33.

[3] Hirst K. Dog History: How and Why Dogs were Domesticated[EB/OL].[2017-12-12].https://www.thoughtco.com/.

[4] Adeolaabc A, Ommehd S, Song J, et al. A cryptic mitochondrial DNA link between North European and West African dogs [J] . Journal of Genetics and Genomics, 2017(3): 163-170.

[5] Gibbens S. Are These the Oldest Images of Dogs. National Geographic[EB/OL].[2017-11-17].https://news.nationalgeographic.com/2017/11/.

[6] 武庄，袁靖，赵欣，陈相龙 . 中国新石器时代至先秦时期遗址出土家犬的动物考古学研究 [J]. 南方文物，2016 (3):155-161.

　　沙特阿拉伯西北部舒瓦密斯的这处古代崖刻可能出自8 000年前的部落先民之手，是已知的人类最早创造的狗的形象。这些犬只形象和现代阿拉伯地区的迦南犬近似。

沙特阿拉伯舒瓦密斯岩壁上的猎狗岩刻以及显影图形
摄影，玛丽亚·瓜宁，2017年

《一只狼》（*A wolf*）

杨·费特（Jan Fyt），1650—1660 年，布面油画，92.7 cm×74.3 cm，伦敦英国国家画廊

埃及人的狼崇拜和狗崇拜

对埃及人来说，狼是神灵，他们信奉的木乃伊之神、防腐之神和亡灵的守护神阿努比斯（Anubis）是狼头人身的模样。传说他的母亲是生育之神，父亲是主管地狱的冥王欧西里斯（Osiris）。因为这种背景，人们相信死了以后，是阿努比斯引导亡灵进入冥界，审判善恶之后，心脏重量小于或等于羽毛的善人之灵可以去觐见欧西里斯并获得永生，而罪恶之人的心脏比羽毛重，会遭到鳄头狮身怪物的啃噬。

历史学家认为，埃及人看到当地的一种灰狼喜欢吃死人的尸体，就把它与冥界联系起来，认为它是冥王的使者，产生了相应的神灵崇拜。在亲人亡故以后，人们要给阿努比斯献上狗木乃伊，希望相貌类似的狗木乃伊可以给阿努比斯带去自己的敬意和礼物，保佑亲人在黑暗的冥界得到照顾。在埃及萨卡拉遗址（Saqqara）的地下墓穴中，考古学家发现那里曾保存着多达 800 万个动物木乃伊，许多用来制作木乃伊的犬只体形很小，或许当时已经有专门的犬舍大量饲养犬只，卖给人们制作狗木乃伊以用于丧葬仪式。

对古埃及人来说，狗是一种有灵性的动物，它们是人类打猎的帮手，是人神沟通的向导，因此古埃及人不吃狗肉，家里养的狗如果老死了，会制作成木乃伊安葬到地下墓穴。

《阿努比斯雕像》（ *Statuette of Anubis* ）
埃及托勒密时期（公元前 332—前 30 年），木制彩绘，42.3 cm×10.1 cm×20.7 cm，纽约大都会博物馆

11

上图

《狼和羔羊》（*The Wolf and the Lamb*）

让·巴蒂斯特·奥德瑞（Jean-Baptiste Oudry），布面油画，104.1 cm×125.7 cm

下图

《两头公牛保护被狼攻击的母牛》（*Two Bulls Defend Against A Cow Attacked By Wolves*）

雅克·雷蒙·布拉斯卡萨（Jacques Raymond Brascassat），1845 年，布面油画，152.4 cm×196.2 cm

　　19 世纪末 20 世纪初，定居在慕尼黑的波兰画家阿尔弗雷德·科瓦尔斯基（Alfred von Wierusz-Kowalski）曾经描绘冬季饥饿的狼群主动攻击拉雪橇的马匹的场景。幸亏人们带着猎枪防身，打死一只狼以后会对其他狼造成威慑。不过有时候饿狼仍然会持续进行攻击，因为它们在冬季常常很多天都找不到食物，处于极度饥饿之中。

上图

《攻击的狼群》（*Napad wilków*）

阿尔弗雷德·科瓦尔斯基，1890 年，布面油画，74 cm×120 cm

下图

《猎狼》（*Trojka ścigana przez wilki*）

阿尔弗雷德·科瓦尔斯基，1890 年，布面油画，88 cm×135 cm

《威尔金森先生和他的猎狐犬》（*Thomas Wilkinson, M.F.H., with the Hurworth Foxhounds*）

约翰·费纳利（John Ferneley），1846 年，布面油画，147.3 cm×241.3 cm，美国耶鲁大学英国艺术中心

　　古时候，猎人满载而归对聚落来说是一件大事，大家会聚集在一起处理食物、宴会娱乐，这也是猎犬们获得奖赏的时刻，人们会把吃剩下的骨头等丢给犬只享用。这类宴会对人类之后的仪式、社交行为的影响一直延续到今天。

《猎人的午餐》（*The Huntsmen's Lunch*）
拉斐尔·索尔比（Raffaello Sorbi），1922 年，布面油画，59.6 cm × 99.8 cm

《犬戏图》
佚名，明代，绢本设色，22.7 cm×21.6 cm，纽约大都会博物馆

《玉犬》
辽金时期（10—12 世纪），玉雕，2.56 cm×5.72 cm×1.5 cm，台北故宫博物院

　　唐朝时，许多中国物品传播到日本，日本人都冠以"唐×"的名称，后来日本就把外来物种都加上"唐"作为标记，就如同古代中国人用"胡""番"等标记外来事物一样。图中的三只猎犬中，左侧两只似乎是灵缇犬，右侧一只是某种牧羊犬。

《唐犬图》（屏风组合）
桥本关雪，1941 年，绢本设色，164 cm×183 cm，日本安来市足立美术馆

第二章

为人所用

《猎狐：穿越和搜索沟渠》（ *Foxhunting: Clearing A Ditch* ）
约翰·弗雷德里克·赫林（John Frederick Herring），1839 年，木板油画，25.4 cm×30.5 cm，美国耶鲁大学英国艺术中心

家犬可以帮助人类做什么？最初人们注重家犬的实际功用，比如狩猎、看护、放牧。到近代，人们开发了犬只更多专门的工作用途，比如在战场上使用的战犬、警察用来追踪罪犯和毒品的警犬、辅助盲人和病人的导盲犬等。此外，犬只还是重要的娱乐动物，斗狗、马戏曾在许多地方广泛流行。

3 万年前处于狩猎采集阶段的古代部落驯化了家犬，这意味着当时人们最注重的是家犬的狩猎和看护能力。它们可以依靠灵敏的嗅觉、视觉发现猎物，可以快速追踪、包围猎物，能够警示主人，甚至撕咬、吓唬猎物，这使得它们成了猎人们最看重的帮手。

因为狩猎的侧重点不同，人们选育发展出丰富的猎犬品种，总结出各种训练方法。如古希腊作家色诺芬在《论狩猎》中就详细论述了希腊猎人如何精心饲养、训练猎犬，古罗马人已经区分了猎狼犬、猎兔犬、猎鹿犬等。中世纪以后，猎犬们的分类更加细化，比如有追赶潜水禽类的水猎犬，在树林和田野间安静地搜寻猎物并指示给猎人的指示犬，负责将猎物衔回的寻回犬等。贵宾犬就是德国流行的一种水猎犬，起初它们要游到河里取回水禽和其他猎物，后来才成为贵妇人的宠物犬。

猎犬在我国古代也称为"田犬""走狗"，战国时代韩地（今陕西韩城一带）出产的黑毛猎犬颇为有名。《史记》和《战国策》中有"放韩卢而逐蹇兔"的说法，这种发音为"卢"的犬与西亚的萨路基猎犬或许有着某种关系。萨路基猎犬是 6 000 年前美索不达米

亚部族饲养的古老猎犬，是 4 000 年前古埃及贵族最常使用的猎犬之一，曾在西亚各地广泛分布，很早就传播到欧亚大陆各地了。

西晋时期曾有西域国家进贡了一种猎犬给皇帝，傅玄在《走狗赋》中描述这种猎犬的长相是"修颈阔腋，广前捎后。丰颅促耳，长叉缓口"。它们善于狩猎，"陵冈越壑，横山超谷。原无遁兔，林无隐鹿……属精采以待踪，逐东郭之狡兔"。这应该是某种萨路基猎犬或者灵缇犬。

唐代皇室有狗坊负责养狗驯狗，周边国家还向皇帝进贡狗，如懿德太子墓墓道西壁的《架鹰戏犬图》中那条脖系金铃的猎狗；章怀太子墓的《狩猎出行图》中的猎犬都竖耳尖嘴、瘦身长腿，当时称之为"波斯犬"，颇似萨路基猎犬。唐玄宗等皇帝喜欢狩猎，猎鹰、猎犬在唐代中上阶层的年轻人中颇为流行，许多诗人都曾提及当时的狩猎风俗。如晚唐诗人苏拯的《狡兔行》中提到当时秋季猎人带着鹰犬狩猎野兔的情景：

秋来无骨肥，鹰犬遍原野。
草中三穴无处藏，何况平田无穴者。

对中国古人来说，狩猎仅仅是少数贵族、猎户、游牧部族的爱好，大多数人养狗是为了看家护院，所谓"柴门闻犬吠，风雪夜归人"，听到狗叫的声音，对疲倦的旅人来说，意味着前面就是村落，有了人家，可以借宿和饮食，而对村民来说，这意味着陌生人的到来。

藏族培育的看护犬是著名的藏獒，它们领地意识强，可以帮助牧民看护大片牧场。这种獒犬成为西部向中原皇帝进贡的"土特产"。传世本《尚书》的《旅獒》中记载，周族打败商王以后，"九夷八蛮"都来贡献土产，其中西部游牧部族进献的一种"獒"就是藏獒等大型犬只。中原地区的人把身形高大的犬只称为"獒"。春秋时代，晋灵公也曾放出一只凶猛的"獒"去咬大臣赵盾，赵盾的护卫提弥明徒手与这只獒犬搏斗，并杀死了它。北魏末年，贾岱宗写的《大狗赋》记录了皇帝进军西北时获得的一只高八九尺的紫黑色"大犬"，它的捕猎和看护能力给这位文官留下了深刻的印象。

犬只放牧是从看护延伸出来的功能。约 7 000 年前，小亚细亚的畜牧部落就驯化使用牧羊犬帮助牧羊人，它们可以辅助管理牧群、传递消息、吓阻侵入者。如今流传下来的牧羊犬多来自英伦三岛和东南欧有悠久放牧传统的地区，牧羊犬品种如边境牧羊犬、威尔士牧羊犬、古英国牧羊犬、坎伯兰牧羊犬、克罗地亚牧羊犬、匈牙利埔里犬、波兰低地牧羊犬、萨普兰尼那克犬、波黑通杰克犬、马雷玛牧羊犬、冰岛牧羊犬、设得兰群岛牧羊犬等都出自这些地区。中国人最熟悉的是德国牧羊犬（德国黑背），因为它是第二次世界大战以后世界各地最常用的警犬，在影视节目和报纸中出镜率很高。

在寒冷的北极地区，牛、马这类牲畜无法存活，部落民众想到了用狗拉拽车子运送人和货物。考古学家在俄罗斯西伯利亚边缘的若霍夫岛（Zhokhov）上，发现了9 000年前部落使用家犬拉雪橇的遗迹。那时候海平面还没有今天这样高，这座岛屿可能是与陆地相连的。这些部落居民住在兽皮帐篷中，靠用弓箭、长矛、钓竿狩猎驯鹿、北极熊和钓鱼为生，还驯养犬类用来拉雪橇。因为他们需要行走数百里去狩猎，雪橇犬可以帮助追踪猎物，也可以拉着人一起移动。他们已经选育出了体形较小而行动迅速的西伯利亚爱斯基摩犬，还有爱斯基摩犬和野狼杂交而成的体形稍大、类似阿拉斯加内陆地区人们使用的雪橇犬的"早期哈士奇"种类。

古代中国也有狗拉雪橇的记载。元代黑龙江下游开元路地区有"狗车"，冬天的时候人们制作"以木为之，长一丈，阔二尺许"的木橇装载货物，"以数狗拽之，往来递送"。辽阳等地设的"狗站"养犬三千供驿用，冬季用狗拉爬犁（雪橇），夏季用狗拉纤。明代永乐年间，东北奴尔干都指挥使司的治所也设有狗站，可见当时颇为倚重这种出行、运输物资的方式。

在靠近北极的北欧、西伯利亚、阿拉斯加、加拿大北部和格陵兰岛，当地的部落几千年来都使用犬只来荷载、捕猎。人们训练犬只们的步伐、节奏，以适合拉拽雪橇车。这些犬只都有密集的毛发帮助保温，有坚韧和紧密的脚趾、脚蹼以利于奔跑，可以以每小时45公里的速度前进。19世纪末20世纪初，因为"淘金热"和"探险热"，北美洲靠近北极的地区出现了所谓的"雪橇犬时代"。在冰冻时节，船只、火车和马匹止步之处，就是雪橇犬出发之地。所有前往北极附近的探险家、探矿者、淘金人、猎人、医生以及各种邮件、商品、工具，都靠雪橇犬拉着在各地移动。因此，每个城镇、据点之间都有所谓的"狗道"相连。最常见的雪橇由 8～10 只爱斯基摩犬牵引，可以负荷 230～320 公斤。直到 20 世纪 50 年代，雪地摩托车流行后，狗拉雪橇才被逐渐取代。1963 年，狗拉雪橇送邮件的行为最终退出历史。

探险家们则想到了在南极考察中使用狗。德国探险家埃里希·冯·德里加尔斯基（Erich von Drygalski）、瑞典科学家奥图·诺登舍尔德（Otto Nordenskjold）前往南极探险考察时都使用了雪橇犬。1911 年，挪威探险家罗尔德·阿蒙森（Roald Amundsen）与他的 4 个同伴也是乘狗拉雪橇到达的南极点，他们一路用到的雪橇犬多达 97 只。

除了上述实际功用，犬只也常用于娱乐，如斗狗、马戏等。斗狗有悠久的历史，古罗马人喜欢看动物和动物、动物和人之间的生死搏斗，古罗马人的斗兽场中也出现过很多猛犬。公元 43 年，罗马军队进军英国时，曾经带着来自希腊的莫罗索斯獒犬与英国人饲养的宽口獒搏斗，后来罗马人还把这种宽口獒带回罗马的斗兽场，让它与大象、狮子、熊、公牛和角斗士等进行生死搏战。1558—1603 年在位的英国女王伊丽莎白一世，就曾饲养獒犬在宾客面前进行搏斗表演，而买不起熊、牛的人则选择让两只狗进行搏斗。1817 年，英国移民把斯塔福郡斗牛梗带入美国，斗狗逐渐成了美国一些地方的民间娱乐，19 世纪后半期曾经在西部一些地方盛行，因此还培育出了美国比特斗牛梗等擅长搏斗的新品种。

在东亚，斗狗也曾是流行的娱乐。唐代上到帝王下到民间富家公子都喜欢斗鸡斗狗，所以唐代诗人罗隐有"斗鸡走狗五陵道，惆怅输他轻薄儿"的描写，之后人们大多把爱好斗鸡斗狗看作轻薄行为给予批判。在日本，1316 年开始执政的镰仓幕府第 14 任首领北条高时以热衷于斗狗而出名，他统治时一个月内有 12 天都允许进行斗狗比赛，有时候还会放出群狗撕咬混战。他下令各地进纳良犬作为税赋，一时间有四五千只斗犬汇集到镰仓的贵族家中，得胜的良犬可以乘坐肩舆，戴着嵌金错银的绳子，行人遇见了还要礼敬这些犬只。在日本民间，土佐（今高知县）、秋田县的领主和民众也喜欢斗狗，在土佐发展成了"斗犬"的民间娱乐：两只斗狗被关在围栏内进行斗争，其中一只狗如果吠叫或失去战斗意愿就结束战斗。

19 世纪以来，斗狗这种娱乐活动被很多国家禁止。比如在美国，20 世纪 80 年代以来各州陆续禁止斗狗，任何人、企业明知是斗狗活动而出售、购买、拥有、培训、运输、交付或接收任何犬只都是非法的，参与斗狗者会被判处重罪。

中世纪和文艺复兴时期的欧洲贵族经常在城堡之外的野外、森林中狩猎。当时一些贵族将部分土地划作专门的狩猎领地，每年在固定的季节前来狩猎，这不仅仅是一种娱乐，也是向其他贵族和民众展示勇气、力量的仪式行为。

《选帝侯"智者"弗雷德里希狩猎》（*A Stag Hunt with the Elector Friedrich the Wise*）
老卢卡斯·克拉纳赫（Lucas Cranach the Elder），1529 年，椴木板油画，80.2 cm×114.1 cm，维也纳艺术史博物馆

15 世纪中后期的画家保罗·乌切洛（Paolo Uccello）是探索前缩透视画法的先驱之一。他的《林中狩猎》这件作品表现了骑士、助手、马、狗向密林深处追逐的场景，塑造出了深度空间的视觉效果，作品中那些狗都是各种毛色的意大利灵缇犬。

《林中狩猎》（*The Hunt in the Forest*）
保罗·乌切洛，1470 年，木板坦培拉、油彩、金粉，73.3 cm × 177 cm，牛津大学阿什莫林博物馆

1775 年，西班牙画家弗朗西斯科·何塞·德·戈雅 - 卢西恩特斯（Francisco José de Goya y Lucientes）移居到首都马德里，绘制了一系列与狩猎、猎狗有关的作品，这是当时贵族喜欢的题材，比如他描绘了狩猎鹌鹑的场景以及拴在一起的猎狗等。

《狩猎鹌鹑》（*The Quail Shoot*）
戈雅，1775 年，布面油画，290 cm×226 cm，马德里普拉多博物馆

《拴起来的狗》（*Perros en traílla*）
戈雅，1775 年，布面油画，112 cm×174 cm，马德里普拉多博物馆

《苏格兰喀里多尼亚人在阿尔德罗森堡附近的狩猎聚会》（*The Caledonian Coursing Meeting near the Castle of Ardrossan, the Isle of Arran in the Distance*）
理查德·安斯戴尔（Richard Ansdell），1844 年，布面油画，155.3 cm×304.6 cm，美国耶鲁大学英国艺术中心

在 18～19 世纪的英伦三岛，狩猎是重要的社交活动。每到狩猎季节，贵族们就会带着家人到自己的庄园中一边度假，一边狩猎。他们穿着专门设计的猎装，带着助手、猎犬出去，通常以猎狐、猎兔、猎獾、猎鸟最为常见，国王等高级贵族也以猎野猪、猎鹿为乐。这也是社交的机会，同一家族的贵族或者较好的朋友们彼此经常讨论如何狩猎，或者一起协作狩猎。

《苏格兰喀里多尼亚人在阿尔德罗森堡附近的狩猎聚会》（局部）

《广阔的风景》（*Vorstehhunde in einer weiten Landschaft*）

安东·温伯格（Anton Weinberger），1912 年之前，布面油画，65.5 cm × 92 cm

　　卡尔·莱克特（1836—1918）是 19 世纪末 20 世纪初最优秀的动物画家之一。他的父亲、叔叔都是画家，他从小就跟随父亲学习绘画，后来去格拉茨绘画学院进修，到慕尼黑、罗马跟从画家学习技艺，回到奥地利后在维也纳、格拉茨以绘制动物、城镇景观类的作品维生。他留下众多关于狗和猫的肖像作品，无不栩栩如生，富有生活气息。可惜他这样的画家在当时仅仅是城镇中的商业画家，描绘的动物和城镇生活场景绘画也太日常。他画的狗肖像大部分都是小尺寸，可见客户主要是中等收入人群。他没有如巴黎、柏林的印象派、分离派、现代画家那样呼朋唤友并与文化界的新思潮彼此呼应，因此一直默默无闻。

《猎犬口衔鹬鸟》（*Gundog with Snipe*）
卡尔·莱克特，1918 年，木板油画，16 cm × 14 cm

《戈登塞特犬叼着绿头鸭》（*Gordon Setter with Mallard Duck*）
卡尔·莱克特，1918 年，木板油画，16 cm × 14 cm

《猎犬图》
李迪，南宋（12 世纪），绢本设色，26.5 cm×26.9 cm，北京故宫博物院

《猎人们和他们的战利品》（*Hunters and their trophies*）
安东尼·莱曼斯（Anthonie Leemans），1670 年，布面油画，162.5 cm×200 cm，华沙波兰国家博物馆

对页图

　　我国古代的辽、金、元、清等王朝从上到下都推崇狩猎。元代皇室出身于蒙古草原，热衷于狩猎，因此元代宫廷画家多有描绘狩猎题材的作品传世。因为绘画技巧出色受到元世祖忽必烈赏识的宫廷画家刘贯道，在至元十七年（1280）曾创作一幅《元世祖出猎图》，描绘了忽必烈率随从在荒漠边缘狩猎的场景：远处沙丘之间有一列骆驼载着物资走过，近处骑乘黑马、外穿白裘、内着金云龙纹朱袍的元世祖及随从们勒马暂驻，元世祖侧身正在向后张望，似乎正关注那个猎手仰头射雁的结果，右侧的地上是当时蒙古人喜欢的一种猎狗"细犬"，还有一位侍从举着白色绸布蒙着的猎鹰。忽必烈手下的大将张弘范曾作有《出猎》诗，记述自己带着鹰、犬出猎的场景，可以想见当时的风气：

　　　　臂鹰携犬袴腰弓，四野长围马疾风。

　　　　恨煞棘林狐兔走，肯教容易出围中。

《元世祖出猎图》

刘贯道，元代至元十七年（1280），绢本设色，182.9 cm×104.1 cm，台北故宫博物院

《出猎图》

佚名画家，元明或清代，绢本设色，25.4 cm×58.4 cm，纽约大都会博物馆

这是比较少见的描绘农村生活场景的古希腊赤陶。陶器上形象地描绘了一条白色的狗正在果园里试图去吃果子的场景。它可能是看家护院的狗，可是却像人一样无法忍受果实的诱惑。

《陶土饮酒器》（*Terracotta Skyphos*）
公元前 500 年，古希腊赤陶，
10.2 cm × 13.8 cm × 20.1 cm，纽约大都会博物馆

《狼偷偷跑到羊圈》
《阿伯丁动物寓言》（*Aberdeen Bestiary*）手稿插图，12 世纪

《睡觉的年轻人和他警惕的狗》（*Schlafender junger Mann mit seinem wachsamen Hund*）
作者可能是乔纳森·兰特（Johann Matthias Ranftl），19 世纪，布面油画，53 cm×47.5 cm

《老牧羊人和他的牧羊犬在羊圈前》（*Shepherd with His Dog at the Barn*）
黑格·穆哈（Hugo Mühlig），1854 年，纸板油画，47 cm×35.8 cm

上图

《苏格兰高地牧人赶羊准备剪毛》（*Collecting the Sheep for Clipping in the Highlands*）

理查德·安斯戴尔，1881 年，布面油画，107 cm×153 cm

下图

《牧羊人和羊》（*Shepherd and Sheep*）

安东·莫夫（Anton Mauve），1880 年，布面油画，美国辛辛那提美术馆

p50—51
《去市场的路上》（*Auf dem Weg zum Markt*）
卡尔·莱克特，1918 年，木板油画，
17.5 cm × 24 cm

《欢迎》（*Joyful Reception*）
汉斯·布鲁纳（Hans Brunner），1883 年，
布面油画，41 cm × 55 cm

《曼丹印第安人的狗拉雪橇》（*Dog Sledges of the Mandan Indians*）
卡尔·博德默（Karl Bodmer），1839 年，《在北美内陆旅行》（*Travels in the Interior of North America*）插图

《霍尔在远征探索的途中》（*Hall on His Exploring Expedition*）
查尔斯·弗朗西斯·霍尔（Charles Francis Hall），1865 年，《北极研究和爱斯基摩人的生活》（*Arctic Researches, and Life Among the Esquimaux*）插图

    意大利和法国、瑞士的天然边界是阿尔卑斯山，边境地区的人常需要穿越积雪覆盖的山口，
那里的积雪经常深达两米多，有时候遭遇雪崩会造成伤亡。11 世纪时，来自马松的修道士圣
伯纳（Saint Bernard of Menthon）看到这里的伤者常常面临死亡，就在山口附近修建了一所救
济院，这里的教士常常参与到搜救登山者的工作中。16 世纪开始，教士们饲养了当地的一种
犬只用来看护医院，后来这些犬只也跟随教士参与救援，因为它们总能第一时间发现被大雪
掩盖的伤亡者。

    19 世纪初，随着欧洲旅游业和出版业的发展，路过的游客、作家将这些犬只参与救援的
故事传播出去，这种犬只于是变得极为著名，很多书籍、图画中描述了它们参与救援的故事。
如英国画家埃德温·兰西尔（Sir Edwin Landseer）的画作中参与救援的圣伯纳犬脖子上挂着
小酒桶，里面放着的白兰地据说可以帮助雪崩受害者取暖，但是教士们说他们从没有让狗挂
酒桶什么的，这可能只是误会而已。

    19 世纪初，圣伯纳救济院饲养了一条叫"巴里"的圣伯纳犬，据说"巴里"12 年间曾经
救出 40～100 人。它老了以后被一个教士带到伯尔尼终老，1814 年被制成标本在伯尔尼自然
历史博物馆展出，不过头部的形状已经有改动。这只狗的故事被一系列儿童故事、小说、电视、
电影进行了传奇性描绘，一些城镇还建立了纪念它的雕塑。不过，1955 年之后，圣伯纳犬就
已经不再被用于雪崩救援了。

《两只圣伯纳犬在雪中救援》（*Two Saint Bernard dogs in the snow*）
萨克森 - 科堡 - 哥达王朝的厄内斯特（Ernst von Sachsen-Coburg und Gotha），1836 年，布面油画，21.5
cm×28 cm，科堡城堡（Veste Coburg）

《圣伯纳犬在阿尔卑斯山救援》
1870 年，《圣伯纳犬故事集》（ *Dog of St. Bernard, and other stories* ）插图

London Published as the Act directs April 30th 1816 by J. T. Smith Nº 4 Chandos St Covent Garden.

对页图

受过专业训练的犬只懂得人的口令，可以帮助引导盲人和视力受损的人绕过障碍物，方便其出行。16世纪中叶，欧洲就出现了盲人依靠狗带领出行的事情，那时候可能还比较少见。1819年，一个叫海尔·约翰的人在维也纳创办了世界上第一个导盲犬训练机构，还出版了《导盲犬训练指引》，但是当时并没有得到广泛关注。

第一次世界大战期间，有许多军人失明，为了帮助他们，德国医生赫哈德开办了世界上第一所导盲犬训练学校，训练狗充当盲人的向导。1927年，在瑞士训练警犬、救援犬的美国驯狗师多萝西·哈里森·尤斯蒂斯（Dorothy Harrison Eustis）参观了德国波茨坦服务动物培训学校后，在纽约《星期六晚邮报》上介绍了有关情况，引起了美国人的关注。同年，美国明尼苏达州就有犬舍老板引进德国的犬只，采用同样的方法训练。一位名叫莫里斯的盲人还请多萝西为自己训练一只导盲犬，并到瑞士配合她完成训练。一年后他带着导盲犬一起回到了美国，并开办了美国第一家培训导盲犬的学校。

英国也在1931年培训了德国牧羊犬作为导盲犬，首批4只被交付给在第一次世界大战中失明的退伍军人。1934年，英国盲人协会开始推广培训和使用导盲犬，此后欧洲各国都逐渐开始发展这一服务于盲人的事业。由于培训成本极高，价格昂贵，目前世界上大多数地方都是由非营利机构或政府出资进行培训，然后提供给有特殊需要的盲人。在中国，这仍然是一个发展极为缓慢的行业，2006年才有一只经过培训合格的导盲犬"毛毛"进入盲人的家中服务。

目前最常被选择作为导盲犬的是金毛犬、拉布拉多犬、德国牧羊犬或者杂交品种，也有一些标准贵宾犬和维希猎犬可能被选中作为导盲犬。人们看重的是它们性格温驯平和，不易受外界刺激的影响，体型也便于牵引。对于戴着项圈、牵引绳的导盲犬，外人最好不要去干扰它们的工作，不能去喂食、抚摸、呼唤，如果看到视力有障碍的人需要帮助，应该事先征得同意后再提供帮助。

《一个盲人乞丐带着狗乞讨》（*A blind beggar walks past two figures guided by his dog with a begging bowl*）
约翰·托马斯·史密斯（John Thomas Smith），1816年，黑白蚀刻版画，伦敦维尔康姆图书馆

《两只对峙的狗》
公元前 6 世纪，伊特鲁里亚双耳陶罐，高 36.5 cm，纽约大都会博物馆

对页图

    在东方，中国、印度、日本等地都曾流行斗狗。山东东平发现的东汉早期墓葬中的壁画上，就有当地权贵富豪进行斗鸡、斗狗娱乐的场面，其中一只肥壮的狗类似于今天中国北方常见的一类土狗，另一只狗体型细长，颇似今天的山东细犬。山东细犬、山西细犬、河北细犬等都和印度德干高原农家常见的视觉猎犬穆得霍犬（Mudholn Hound）外貌近似，头部长而窄，四肢修长，尾巴也细长，善于捕杀野兔等猎物。它们共同的源头可能是新月沃地游牧民饲养的萨路基猎犬，这些萨路基猎犬后来在向东传播过程中与各地的犬只杂交，形成了不同的新品种。

《斗鸡斗狗图》
东汉初期，东平汉墓壁画，山东省博物馆

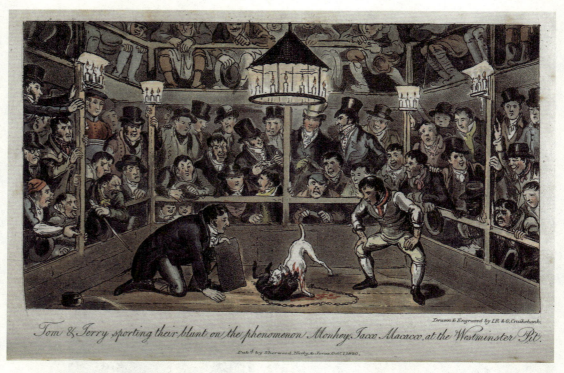

威斯敏斯特坑是 19 世纪初伦敦著名的娱乐场所，可以容纳两百人。1820—1830 年，这里频繁举办各种带有博彩性质的斗狗、斗鸡、猎熊、捉獾、狗捕杀老鼠、狗与猴子搏斗等血腥表演。此画描绘了一只斗牛犬正咬住一只拴着链子的猴子。由于防止虐待动物协会的起诉，1830 年这一场所被关闭。

《汤姆和杰瑞在威斯敏斯特坑斗狗》（ Tom and Jerry sporting their Blunt on the phenomenon monkey Jaccc Macacco at the Westminster-Pit ）
乔治·克鲁克申克（George Cruikshank），1820 年，手工上色凹版腐蚀制版插画，15.1 cm × 22.8 cm

1768 年，菲利普·阿斯特利（Philip Astley）在英国开办了第一家马戏团，到 19 世纪末和 20 世纪初，马戏成了英国最流行的娱乐方式之一。许多商人、演员组织马戏团表演各种各样的娱乐节目，展示小丑、杂技演员、受过训练的动物、空中飞人表演、音乐家、舞蹈家、骑警、走钢丝者、杂耍演员、魔术师等的各种技艺。经过训练的狗经常现身各种马戏团中进行表演，有些马戏团更是以狗的杂耍表演为主要特色。如佛瑞宝兄弟马戏团的海报就大肆宣扬表演犬只价格昂贵，有皇家俱乐部血统，演出独一无二等。

佛瑞宝兄弟马戏团的海报，1898 年，宣传海报，华盛顿美国国会图书馆

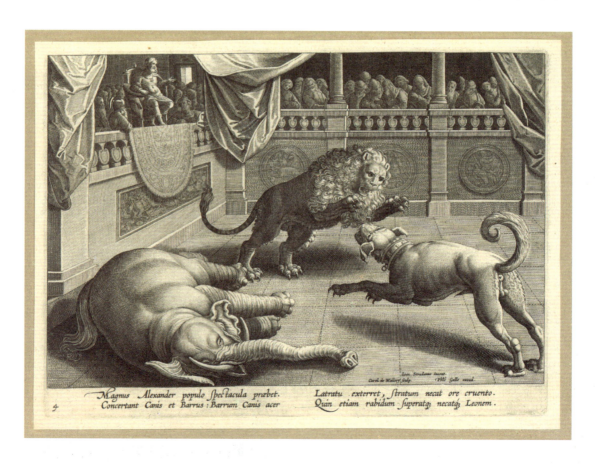

Magnus Alexander populo ſpectacula præbet.   Latratu exterret, ſtratum necat ore cruento.
Concertant Canis et Barrus: Barrum Canis acer   Quin etiam rabidum ſuperatꝗ necatꝗ Leonem.

《亚历山大大帝观看大象、狮子和狗搏斗》
仿史特拉丹奴斯（Stradanus）原作，16 世纪，雕版印刷插图，36.8 cm×27.9 cm，纽约大都会博物馆

《马戏团一角》（*Escenas del circo*）
阿图罗·米切莱纳（Arturo Michelena），1891 年，布面油画，37.7 cm×46.2 cm，加拉加斯委内瑞拉国家美
术馆

巴纳姆和贝利马戏团：精彩的狗类橄榄球表演，1900 年，宣传海报

The SANDOW
COPYRIGHT 1894 BY
THE
STROBRIDGE
LITH. CO
CINCINNATI · NEW YORK.
TROCADERO VAUDEVILLES

与人为伴

这是 17 世纪英国国王查理一世的五个儿子、女儿的肖像画，他们穿着当时流行的绸缎服装，居中穿着红色马裤的王子左手抚在一只棕色的獒犬头上，右下边还有一只棕色和白色相间的小西班牙猎犬。

《查理一世的五个孩子》（*The Five Eldest Children of Charles I*）
安东尼·凡·戴克（Anthony van Dyck），1637 年，布面油画，163.2 cm × 198.8 cm，英国王室收藏

狗是人类最好的伙伴，这句话在不同时代有不同的意义。

在采集狩猎时代，狗是猎人最好的朋友，陪伴他们到森林、山地、草原中寻找猎物、指示方向、协助猎杀，这是莫大的功绩，有狩猎传统的部族常常把猎犬奉为神灵。在狗被驯化之前，人们靠自己的体力、智力和彼此的协作进行捕猎，同时也在不断改进自己的工具。50 万年前的海德堡人已经学会制造削尖的木棍去捕猎，这时候的猎人必须偷偷靠近猎物或者通过长途追逐把猎物累垮以后，在一两米之内用这种木矛刺中猎物。20 万年前的古人类学会了把尖锐的石片捆绑固定在木杆上，以增强它的冲击力，并开始区分用于打猎的投掷长矛和用于近身搏斗的长矛，后来还发明了精确控制轨迹的掷矛器。大约 7 万年前，非洲南部海岸的部落还发明了某种原始的弹弓装置。这些工具都侧重于解决击中猎物这一方面，而发现、包围猎物需要许多人集体出动，彼此配合。

狗的驯化则让猎人有了第一个"动物工具"：它们善于根据气味发现动物的踪迹，给人以指示，帮助人们围堵猎物。使用猎犬的一大好处是让少数几个猎人出行获取猎物的概率有所提高，对大集体的依赖不再那么强烈。到了 1 万多年前人类发明弓箭以后，这种趋势更加明显，单个猎人背着弓箭、带着猎狗也可能有不错的收获。从那时起一直到 16 世纪广泛使用火药猎枪之前，狗、马和弓箭一直是欧亚大陆上猎人最好的工具。猎人也怀着爱意对待猎犬，在西伯利亚发现的 8 000 年前人狗合葬的墓中，主人和自己的两只爱犬

《少女与独角兽——"我唯一的欲望"》（*The Lady and the Unicorn: À mon seul désir*）
佚名的弗兰德斯织工，1484—1500 年，一组六幅挂毯之一，377 cm × 473 cm，巴黎国立中世纪博物馆

安眠于地下，狗的身旁还有项圈和汤匙，可见墓主人非常珍视他的狩猎伙伴。

狗和男士的关系就是上述狗和猎人关系的传承。在欧洲的中世纪和文艺复兴早期，绘画中的狗是贵族狩猎时跟从的配角，后来则是各位国王、公爵、侯爵、伯爵、子爵、男爵肖像画中显著的陪衬物。尤其是大中型猎犬，它是狩猎能力和男子气概的主要象征，象征着勇敢、忠诚。

狗与女士的关系在文艺复兴时期逐渐上升。在中世纪和文艺复兴早期，狗的价值主要在于狩猎、看家护院，而不是给人做伴。这一时期绘画中描绘的狗通常是象征性的符号或者装饰性的小细节，并不是画面的主体，它们的表情、动作也相对简单。如在 15 世纪充满象征隐喻符号的挂毯《少女与独角兽》中，少女身着红金华袍，簇叶繁花环拱着她，独角兽与金狮护卫在两侧，垫子上的长毛小狗则是坚贞纯洁的象征。这可能是某个贵族为了订婚或者结婚，专门从弗兰德斯地区（今比利时、荷兰和法国部分地区）定制的，上面有主祷文"致我唯一的欲望"。当时的狗常出现在描绘婚姻或爱情仪式场景的绘画中，作为忠诚的象征。

在唐代，宫廷贵妇已经将进口的"拂林犬"当作宠物饲养，之后则发展成为著名的宫廷狮子狗。在与狗的长期相处中，人们开始赋予狗拟人化的形象，比如南北朝时就出现了许多"义犬"的故事。东晋干宝所著的《搜神记》中记载，诸葛恪要去参加朝会时，他家的狗咬着他的衣角不让他去，他踌躇一番后还是去上朝了，结果却被孙峻所杀。

南北朝时的《搜神后记》记载，杨生特别喜欢自己的狗，可谓形影不离。有一次他走夜路不慎掉进一眼枯井里，他的爱犬就在井口彻夜吠叫。第二天早上有人路过，听见狗对着井口叫个不停，感觉奇怪，走近就发现了杨生，杨生对行人说只要救出自己，定会给予厚报。这个行人也是奇怪，提出自己只想要这只善待主人的狗，杨生想到这只狗多次救助自己，舍不得送给别人，却见那只狗低头示意，杨生明白了狗的意思，于是答应那位行人以爱犬相赠。杨生被救了上来，那位行人也牵着狗离去了。狗走几步就回头看看，五天之后，这只狗半夜又回到了杨生的家里。

此后，类似的义犬故事常见于各种小说，有些还被写入正史。如唐代官方编著的《晋书·陆机传》记载，陆机养了一只名叫"黄耳"的骏犬，他在京师洛阳为官，甚是思念家乡，就对黄耳说：你能不能帮我带尺牍回家？黄耳摇着尾巴大声叫着，似乎答应了。陆机写了一封家书装入竹筒，系在黄耳的颈上，黄耳一路往南走到了陆机的老家吴郡，又带着家人的信返回了洛阳。当时旅人往返洛阳和吴郡需要 50 天左右，而黄耳只需 20 多天，此后它便经常往来两地为陆机送信。由这些故事可见，人们逐渐赋予犬只以文化上的意义，在感情上给予其拟人化的对待。

到了 17～18 世纪时，欧洲狗文化的一大改变是贵族中同时兴起了饲养猎犬和宠物犬的风尚，前者的参与者主要是男性，后者的参与者大多是女性。这导致整个家庭都开始关注狗，狗在家庭中扮演着日益活跃的角色，是父母、孩子们逗趣的对象。人们在吃饭、聚会的时候常常会分享食物给爱犬，甚至爱犬本身也成为社交活动的主要内容：一只新宠物狗常常引起全家人和客人的兴趣，他们围绕它进行谈论、喂食、娱乐。

19 世纪时居住在城镇中的西方中上阶层普遍在家里养宠物狗，并把它们当成家庭成员一样对待。在上流社会，孩子们和狗的肖像、女人和狗的肖像非常流行，体现着家族的和睦繁荣以及消闲富足的生活方式。主人对狗的感情导致了社会舆论和法律上相应的改变。1824 年，英国出现了世界上第一个防止虐待动物协会，上到女王下到普通人都需要维护动物权益。1835 年，英国有了世界上第一部保护动物的法律。此后，其他欧美国家也陆续通过了类似的法律，许多地方的人像保护家人一样保护他们的犬只。

对页图

提香·韦切利奥（Tiziano Vecellio）描绘的《查理五世肖像》中，国王左手扣着爱犬的项圈，右手握着配剑的把手，这些是他武勇、权威的象征。

《查理五世肖像》（*Portrait of Charles V with a Dog*）
提香，1533 年，布面油画，194 cm × 112.7 cm，马德里普拉多博物馆

提香的另一件作品《贡扎加的曼图亚公爵费德里科二世肖像》显得有点特别，画中的公爵虽然左手也按在佩剑的剑鞘上，可右手显然拍在一只小巧的马耳他犬背上，这种狗是通常出现在女性肖像画中的配角。这位公爵爱好搜罗饲养各种动物，可是把这只小狗放入自己的肖像画中还是显得有点特别。

《贡扎加的曼图亚公爵费德里科二世肖像》（*Portrait of Federico II Gonzaga*）
提香，1525 年，布面油画，125 cm × 99 cm，马德里普拉多博物馆

《荷兰国王威廉二世》[William II (1792-1849), King of the Netherlands]
扬·亚当·克鲁斯曼（Jan Adam Kruseman），1840 年，布面油画，109.5 cm×86 cm，阿姆斯特丹荷兰国立博物馆

《帕特里克·黑特里肖像》（Patrick Heatly）
约翰·佐法尼（Johan Zoffany），1783—1787 年，布面油画，96.5 cm×81.9 cm，美国耶鲁大学英国艺术中心

在群像中，狗的地位往往更加独立。19世纪初，在康斯坦丁·汉森（Constantin Hansen）创作的《一群丹麦艺术家在罗马聚会》中，坐在毛毯上的建筑师戈特利布·宾斯博尔（Gottlieb Bindesbøll）正讲述他最近在希腊旅行的经历。他头上筒状的土耳其毡帽"菲斯帽"带有蓝色的流苏，这是因为奥斯曼土耳其长期统治希腊，那里有许多人也佩戴这种富有东方风情的帽子。他也画了一只正卧在椅子上的狗，这只狗似乎和其他六位艺术家一起在倾听故事。康斯坦丁·汉森自己是坐在门背后手拿烟头的那个人，这是他请画中那位站在阳台上、头戴黑色礼帽的画家阿尔伯特·库希勒（Albert Küchler）绘制的。

《一群丹麦艺术家在罗马聚会》（*Et selskab af danske kunstnere i Rom*）
康斯坦丁·汉森，1837年，布面油画，62 cm×74 cm，哥本哈根丹麦国家美术馆

著名的法国画家居斯塔夫·库尔贝（Gustave Courbet）创作的《相遇》中也出现了一条狗，这件作品描绘的是库尔贝本人前往蒙彼利埃旅行时，他的赞助人阿尔弗雷德带着仆人卡拉斯和爱犬前来迎接的情景。画家用他习惯性的那种带着挑衅意味的侧头斜视的方式看着前来迎接的朋友，那只黑白相间的大狗可能是一条西班牙猎犬，它正好奇地看着这位一身徒步旅行者打扮的画家。

《相遇》（*The Meeting or "Bonjour, Monsieur Courbet"*）
居斯塔夫·库尔贝，1854 年，布面油画，132.4 cm×151 cm，法国蒙彼利埃法布尔博物馆

下页图

《祈祷》（*Requiescat*）
布赖顿·里维埃（Briton Rivière），1888 年，布面油画，151.5 cm×250.8 cm，澳大利亚新南威尔士美术馆

《簪花仕女图》
周昉，唐代或宋代仿作，绢本设色，46 cm×180 cm，辽宁省博物馆

唐代《簪花仕女图》中贵族女子逗趣的那两条小巧可爱的狗，据考证是从西方传入的"拂林犬"，又称"猧子"，来自地中海东部的拜占庭帝国。吐鲁番阿斯塔那187号唐墓中发现的一幅绢画上描绘了小男孩抱着毛茸茸的小狗，同《簪花仕女图》中的小狗相似，可见这是西域比较常见的宠物狗。《旧唐书·高昌传》记载，武德七年（624），高昌王麹文泰曾向唐高祖李渊进献雄雌两条宠物狗，"高六寸，长尺余，性甚慧，能曳马衔烛，云本出拂林国。中国有拂林狗，自此始也"。此后这种小小的宠物狗就在中原流传下来，在一些贵族高官的墓葬壁画中可以看到这种狗的形象。晚唐小说《酉阳杂俎》记载，杨贵妃就有一只小国"康国"进贡的"猧子"，唐玄宗和弟弟在下棋时，杨贵妃抱着这只宠物狗坐在旁边，见皇帝在棋盘上局面不利，杨贵妃把猧子放开，猧子爬上棋局弄乱了棋子，让快要输的皇帝非常高兴。

《簪花仕女图》局部

对页图

1786 年，24 岁的贵族女子安娜·庞蒂乔斯嫁给了曾担任西班牙驻葡萄牙大使的伯爵，并在婚后不久邀请戈雅为自己创作了一幅带有法国风味装扮的作品。这是法国国王路易十六的妻子玛丽·安托瓦内特带动的风潮，她喜欢扮成牧羊女，戴着稻草太阳帽，穿着时尚紧身胸衣。庞蒂乔斯的右手握着一朵粉红色的康乃馨，这象征着新婚的爱情，脚下则是戴着铃铛、缠着缎带的巴哥犬。这种狗和北京巴哥犬近似，二者或许有某种亲缘关系。巴哥犬据说最早是荷兰东印度公司的海员在 16 世纪时首次带到荷兰的，后来荷兰的威廉二世加冕成为英格兰国王时，也带着自己的宠物巴哥犬到了伦敦的王宫，因此这种巴哥犬在 18、19 世纪的欧洲贵族中比较流行。

《庞蒂乔斯侯爵夫人肖像》（*The Marquesa de Pontejos*）
戈雅，1786 年，布面油画，210.3 cm × 127 cm，华盛顿美国国家美术馆

下页图

戈雅的另一幅肖像画《身穿白裙的公爵夫人》描绘了刚从病中恢复过来的阿尔巴公爵夫人。时年 33 岁的夫人站在自己的庄园中，身穿法国流行的白色镶金绣礼服，面颊泛红，似仍带病容，或许是为了掩饰这一点，她佩戴着红色珍珠项链，与她胸前、头顶的红色蝴蝶结互相映照。脚下的卷毛比雄犬（Bichon Frise）是由西班牙领地加纳利群岛的土犬与马耳他岛犬、长卷毛犬杂交形成的品种。16 世纪以后，欧洲贵妇人中流行怀抱这种白色玩赏犬。画中公爵夫人的这只宠物犬的后腿上也戴着红色丝带。她的右手食指朝着地面上的题词：阿尔巴公爵夫人，戈雅，1795。

《身穿白裙的公爵夫人》（*The White Duchess*）
戈雅，1795 年，布面油画，192 cm × 128 cm，马德里利里亚宫

画上有陈祖壬（遁翁）
题诗：舞袖严妆绝世姝，晚
风庭院小踟蹰。赋成纨扇凭
谁寄，足底乌龙解意无？

《红袖戏犬图》
陈少梅，1944 年，绢本设色，
87.6 cm×41 cm

《英格兰的亨莉雅妲公主》（*Portrait of Henrietta of England*）

皮埃尔·米格纳德（Pierre Mignard），1650—1675 年，布面油画，79 cm×63 cm，法国凡尔赛宫

到了 19 世纪，出现在肖像画中的女性有了更多的空间和自信，比如法国画家埃德蒙多 - 路易斯·杜派（Edmond-Louis Dupain）创作的一系列优雅清新的风景、人物绘画中，身份高贵的年轻女性往往带着高大的猎犬出现在野外草地或者海边的空旷地带，好像带着护卫在巡视自己的领地一般。

《优雅的女士带着她的灵缇犬在海边散步》（*Elegant Lady Walking Her Greyhounds on the Beach*）
埃德蒙多 - 路易斯·杜派，1882 年，布面油画，115.6 cm×85.73 cm，私人收藏

《萨拉·本哈特》（*Portrait of Sarah Bernhardt*）
乔治·克莱林（Georges Clairin），1876 年，布面油画，250 cm×200 cm，巴黎小皇宫博物馆

有的画家描绘了在室内空间中女性和狗的互动，比如维托里奥·雷格尼尼（Vittorio Reggianini）在《无条件的情人》中描绘年轻女子正在用甜食逗趣宠物狗的场景，这是当时流行的闲暇时光之类的绘画题材。

《无条件的情人》（*The Unconditional Lover*）
维托里奥·雷格尼尼，19 世纪末 20 世纪初，布面油画，52 cm×42 cm

94

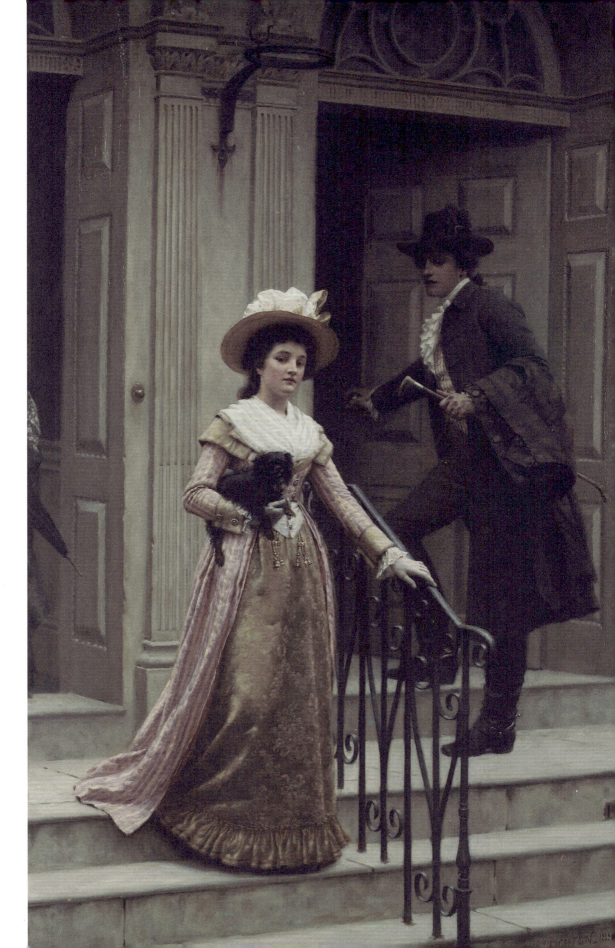

p94

《小狗，你要跟着我出去吗？》（*Will you go out with me, Fido?*）
阿尔弗雷德·史蒂文斯（Alfred Stevens），1859 年，布面油画，77.4 cm×64 cm，美国费城美术馆

p95

《我的邻居》（*My Next-Door Neighbour*）
埃德蒙·布莱尔·莱顿（Edmund Blair Leighton），1894 年，布面油画，私人收藏

在美国画家莱瑟·尤里（Lesser Ury）的笔下，母亲一手抱着孩子，一手牵着狗出现在街头，显得非常自信和强健，这是新时代、新大陆的女性形象。

《母亲与孩子在十字路口》（*Mutter mit Kind auf einer Strassenkreuzung*）
莱瑟·尤里，1915—1920 年，布面油画，70 cm×50 cm

　　这个陶俑乍看似乎是一个孩子骑在马或者长颈鹿的背上，实际上这只动物可能是夸张变形以后的狗：它的头部短小紧凑，尾巴也短小，而且卷曲了起来。

《陶俑》
公元前 600 年，赤土陶器，塞浦路斯出土，高 19.9 cm，纽约大都会博物馆

对页图

　　西班牙国王腓力四世委托委拉斯开兹（Diego Velázquez）画了一系列肖像画，装饰在自己位于马德里附近的帕尔多山的狩猎行宫中。这件作品中的小王子穿着猎人穿的带袖深色斗篷、高膝靴，手拿小孩使用的猎枪。画中一条身形高大的大狗趴在地上睡觉，这样就不会影响主角的主导地位，而灰黄毛色的灵缇犬因为比较显瘦，就描绘了它蹲在一边的样子，它的头刚好和孩子垂下的手差不多平行。

《猎人装扮的查理王子》（ *Prince Balthasar Charles as a Hunter* ）
迭戈·委拉斯开兹，1635 年，布面油画，191 cm×103 cm，马德里普拉多博物馆

《两个男孩和獒犬》（*Boys with Blood Dogs*）
戈雅，1786—1787 年，布面油画（为皇家装饰挂毯设计的起稿图），112 cm×145 cm，马德里普拉多博物馆

对页图

《威尔士亲王亨利·弗雷德里克和约翰·哈灵顿爵士在猎场》（*Henry Frederick, Prince of Wales, with Sir John Harington, in the Hunting Field*）
老罗伯特·皮克（Robert Peake the Elder），1603 年，布面油画，201.9 cm×147.3 cm，纽约大都会博物馆

《查理五世童年肖像》（*Emperor Charles V as a child*）
扬·凡·比尔斯（Jan van Beers），1879 年，布面油画，139 cm×149 cm，比利时安特卫普皇家美术馆

《男孩给狗捉跳蚤》（仿杰拉德·特·博尔奇原作）
佚名画家，1728 年之后，木板油画，36.5 cm×28.5 cm，阿姆斯特丹荷兰国立博物馆

《红衣女孩和猫、狗》（*Girl in Red Dress with Cat and Dog*）
艾米·菲利普斯（Ammi Phillips），1830—1835 年，布面油画，76.2 cm×63.5 cm，美国民间艺术博物馆

对页图

　　美国画家艾米·菲利普斯画的女孩和猫猫狗狗的肖像画，能给人神秘而新鲜的艺术感触。他是美国早期画家中风格比较特别的。他长期生活在康涅狄格州，没有进入美术学院学习过，而是通过自学，并曾作为一位本地画家的学徒得到了初步的训练。他开始画了不少广告画和装饰画，后来才主攻肖像画，为城镇中的资产阶级家庭描绘肖像。他画了许多小孩子的肖像，他们的家庭通常都养小狗、小猫之类的宠物。

　　《红衣女孩和猫、狗》这幅画被誉为"美国艺术家创作的有史以来最美丽的画作之一"。画中的女孩穿着流行的红色礼服，钟爱的小狗被画成在脚下趴着。因为没有像学院派画家那样熟悉解剖结构，因此他画的人物看上去造型有点僵硬乃至略有变形，可是那强烈的黑红对比、清晰的人物轮廓，让画中人好像从背景中脱离出来一样；那种独特的构型、色彩和营造的气息给人留下深刻的印象。这位局限在当地活动的艺术家活着的时候没有什么名声，20 世纪后半叶才被收藏家、批评家重新认识，并得到很高的评价。

《红衣女孩和狗、鸟》（*Portrait of a Winsome Young Girl in Red, Dog and Bird*）
艾米·菲利普斯，1840 年，布面油画，91.44 cm×77.47 cm，私人收藏

《七岁的玛丽亚·里德·阿斯隆》（*Portrait of Maria Frederike van Reede-Athlone at Seven Years of Age*）
让 - 艾蒂安·利奥塔尔（Jean-Étienne Liotard），1755—1756 年，牛皮纸粉彩，54.9 cm×44.8 cm，洛杉矶盖蒂中心

对页图

《女孩在喂狗》（*Ein Stück für dich*）
卡尔·莱克特，19 世纪末 20 世纪初，木板油画，30.48 cm×25.4 cm，私人收藏

《假日》（*Holiday time*）
海武德·哈蒂（Heywood Hardy），1933 年，布面油画，45.5 cm×61 cm，私人收藏

《带着猎狗和猎枪的女孩肖像》
匿名画家，18 或 19 世纪，布面油画，130 cm×100 cm，私人收藏

《带狗的女孩》
1750—1755 年，英国圣詹姆斯工厂陶瓷，6.4 cm×4.4 cm，纽约大都会博物馆

对页图

　　萨金特是一位生前就获得盛誉的美国油画家，他的一些肖像画中也出现了画中人的宠物形象，比如他 1882 年描绘的纽约朋友家 12 岁的小孩贝特丽斯小姐肖像中，小姑娘看上去非常自信和成熟，她毫不费力地单手夹着自己的小宠物犬正视着画家，就好像她是它的保护人。可惜，这幅画完成后仅两年，14 岁的贝特丽斯就因为腹膜炎去世了。

《贝特利斯小姐》（*Miss Beatrice Townsend*）
约翰·辛格·萨金特（John Singer Sargent），1882 年，布面油画，81.4 cm×58.4 cm，华盛顿美国国家美术馆

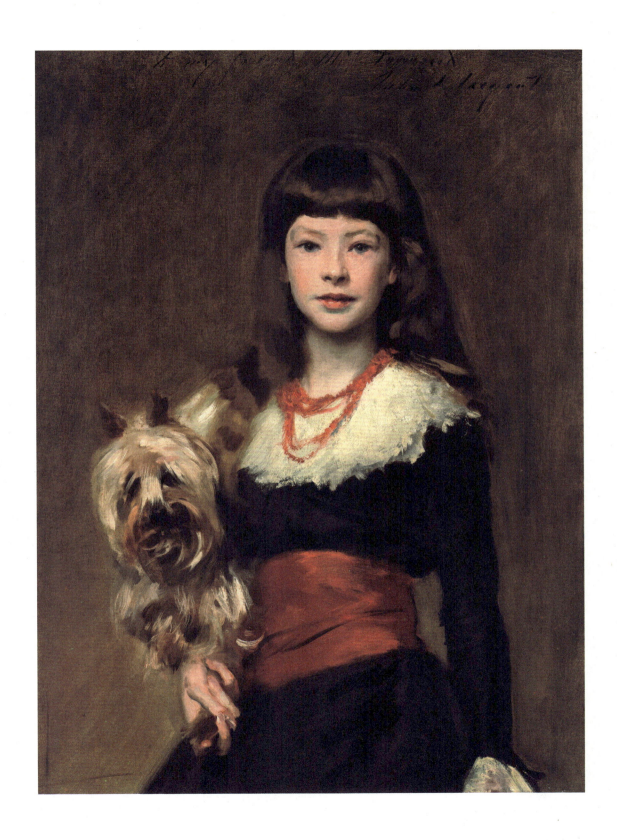

《乔凡尼·阿尔诺芬尼夫妇像》（*Portrait of Giovanni Arnolfini and his Wife*）
扬·凡·艾克（Jan Van Eyck），1434 年，橡木板油画，82 cm×59.5 cm，伦敦英国国家画廊

15 世纪的尼德兰著名画家扬·凡·艾克的名作《乔凡尼·阿尔诺芬尼夫妇像》描绘了一对表情庄严的夫妇，他们脚下的地上有条棕毛的布鲁塞尔格里芬犬（Brussels Griffon），它发亮的黑色眼珠和纯真的表情给这幅过于严肃的画面带来一丝欢快的气息。

这张 1434 年绘制的油画是艺术史上最著名的作品之一，因为它足够精彩、复杂和暧昧，既描绘写实日常场景的细节，又突出了神秘的象征性——这和一个重要的误会有关。以前的艺术史家大多以为这是居住在布鲁日的意大利富商乔凡尼·阿尔诺芬尼和他的第二任或第三任妻子岑妮新婚后第二天或订婚当日的画像，可是画中人严肃的面容让许多人感到不解，于是出现了对这张画象征意义的各种猜测和解释，比如有的人觉得男人抬起的右手、伸开的左手象征对婚姻的承诺和主导地位，而小狗则象征着忠诚，等等。

但 1997 年新发现的资料证明，乔凡尼·阿尔诺芬尼和岑妮是在 1447 年结婚的，那是在这幅画完工之后的第 13 年。现在学者们更倾向于认为这是乔凡尼和他的第一任妻子科斯坦萨的画像，她不幸在 1433 年 2 月左右死亡。这幅画是男主人在一年后为了纪念亡妻，特别请画家绘制的。画家把活着的丈夫和死去的妻子画在了一张画中，所以里面的男子面容才显得那样悲戚。画中男子穿着黑色外衣，戴着染成黑色的编织草帽；女子则被画得犹如圣母一样庄严慈祥，她腰腹的形状无疑正像是怀孕多月才有的样子，而那只小狗可能也并没有什么深刻的象征意义，仅仅是这对夫妇都喜欢的宠物犬而已。

窗台上的橙子则透露了这位商人和意大利的渊源，这是南欧盛产的水果，在当时的荷兰是非常少见而昂贵的。两人身后墙壁中间的那个时髦玩物凸镜既是主人财富的体现，也恰好反射了这一作品形成的过程，从其中隐约可以看到有个蓝衣人，大概就是艺术家本人。窗外樱桃树上的果实显示这是初夏时节，男女主人公穿着毛皮衬边的袍子，女子还佩戴着纯金项链和戒指，这表明他们是一个殷实的家庭。

这张画的另一个有趣之处是，扬·凡·艾克借助了凹面镜等投射设备和技术，帮助自己绘制精细的画面，因为人物、精致的黄铜枝形吊灯等各个部分是分多次投影组合的，导致这幅画并没有统一的焦点，而是带有某种拼贴的感觉。

《乔凡尼·阿尔诺芬尼夫妇像》（局部）

同样表达对妻子哀悼的还有意大利画家皮耶罗·迪·科西莫（Piero di Cosimo）1495 年创作的《哀悼（普洛克里斯之死）》，画中一个男子正在哀怜地扶着死去的女子，她的脚边坐着一只同样悲戚的猎狗。

这幅画描绘的是希腊神话中的著名猎人刻法罗斯（Cephalus），他和雅典公主普洛克里斯（Procris）真心相爱并结婚。后来刻法罗斯要外出好几年，其间他乔装成外乡人回到家乡，用众多赠礼引诱普洛克里斯变心，然后又亮明身份，以此为理由指责她不忠，普洛克里斯羞愧之下逃到克里特岛，成为狩猎女神阿尔忒弥斯的随从，女神给她一支每投必中的矛和一条奔跑迅疾的猎狗。普洛克里斯也乔装打扮成一位美女前去引诱刻法罗斯，还许诺如果刻法罗斯与她相好，就把百发百中的那支神矛送给他。但怀念旧情的刻法罗斯没有动心，这让普洛克里斯非常感动，夫妻俩就和好了。后来晨光女神奥罗拉爱上了刻法罗斯，刻法罗斯对她的表白无动于衷，恼怒的晨光女神就施计让刻法罗斯在一次狩猎时用那支神矛误杀了妻子，刻法罗斯面对这个悲剧，无法原谅自己，就投海自尽了。

皮耶罗·迪·科西莫是文艺复兴时代的一位怪癖画家，他总是一次煮 50 个鸡蛋当作饭食，也不打扫画室，不修剪果园，在外人看来"活得像个野兽而不是人"。可他唯美风格的画作把神话题材和当代人的神情、鲜艳的色彩描绘结合起来，倒是和 19 世纪英国前拉斐尔派的唯美画家们精神相通。

《哀悼（普洛克里斯之死）》（A Satyr mourning over a Nymph）
皮耶罗·迪·科西莫，1495 年，白杨木油彩，65.4 cm×184.2 cm，伦敦英国国家画廊

这是德国文艺复兴时期绘画大师老卢卡斯·克拉纳赫最早创作的两幅全身肖像画,描绘了萨克森公爵亨利四世和他的妻子凯瑟琳娜,大小和真人差不多。两人都穿着装饰华丽的衣服,亨利四世的身后有一只萨路基猎犬。

《萨克森公爵亨利四世和他的妻子凯瑟琳娜的肖像 》（Portraits of Henry IV of Saxony and Catherine of Mecklenburg）
老卢卡斯·克拉纳赫,1514 年,从镶板转移到布面的油画,184.5 cm×83 cm,德累斯顿古代大师画廊

117

《丈夫和妻子》（*Family Portrait*）

洛伦佐·洛托（Lorenzo Lotto），1523 年，布面油画，98 cm × 118 cm，圣彼得堡艾尔米塔什博物馆

对页图

19 世纪中后期的英国画家约翰·埃弗里特·米莱斯（John Everett Millais）所创作的《黑色布伦瑞克》，描绘了一个志愿参军的年轻男子正要离开家去参战，妻子或是情人悲伤地想要阻止却又知道于事无补，两人在离别时刻深情相拥的动人场景。

黑色布伦瑞克是 1815 年拿破仑战争中德国一支志愿军队伍穿的黑色绒面制服，当时英国和德国等联合组织反法同盟军对抗拿破仑。1815 年，英国匆匆征召军人参战时，有些年轻军官是从舞会上离开就去报到的，这则故事让艺术家印象深刻。他选择了德国志愿者的黑色制服与女子的白色珍珠和白缎子形成对比。约翰创作这幅作品花费了三个月时间，

据说女性形象的模特是著名作家狄更斯的女儿，男性形象则是一名士兵，两者并没有见面模拟这一场景，而是单独来画室中与木制道具模拟画面场景的。

画中男子脚下的黑色腊肠犬似乎也攀在男子的腿上，要和女主人一起挽留男主人。狗脖上系着的红色蝴蝶结和女子双臂上的红丝带也构成了映衬关系，或许也说明这条小狗主要是女主人饲养的，她在给自己做丝带的同时也给小狗做了蝴蝶结。腊肠犬（Dachshund）最初是被选育出来猎獾的，它狭长的身体、短小的四肢利于发现獾的洞穴以后钻进去将猎物拖出，有时候与猎物缠斗时，主人还需要抓住它结实的尾巴把它拉出来。

《黑色布伦瑞克》（*The Black Brunswicker*）

约翰·埃弗里特·米莱斯，1860 年，布面油画，104 cm × 68.5 cm，默西塞德郡利斐夫人画廊

《圣家族与狗》（ *The Holy Family with Dog* ）

巴托洛梅·埃斯特巴·穆立罗（Bartolomé Esteban Murillo），1650 年，布面油画，144 cm × 188 cm，马德里普拉多博物馆

《抱着狗的乌提利·马塞利和她六个孩子的肖像》（*Bianca degli Utili Maselli, holding a dog and surrounded by six of her children*）
拉维尼亚·丰塔纳（Lavinia Fontana），1604—1605 年，布面油画，99 cm × 133.3 cm

《家庭肖像》（*Portrait of a Family*）
威廉·荷加斯（William Hogarth），1735 年，布面油画，53.3 cm × 74.9 cm，美国耶鲁大学英国艺术中心

虽然印象派画家通常更喜欢在户外创作，可是皮耶尔·奥古斯特·雷诺阿（Pierre-Auguste Renoir）这幅参加官方沙龙展览的作品有点特别，该画描绘了室内的生活场景。他参照了宗教绘画的构图，用宠物犬取代了通常表现虔诚、献祭意味的羔羊。夏彭蒂尔夫人的黑色服装和宠物犬黑白相间的毛色也有呼应，整体的画面风格显得庄重平和，这可能是这张画受到沙龙好评的一大原因，其中能体现印象派特色的是里面各种物体邻近的部分在稍微幽暗的光影下彼此交织浸染，并没有明显的分界。

《乔治·夏彭蒂尔夫人和她的孩子们》（*Madame Georges Charpentier and Her Children*）
雷诺阿，1878 年，布面油画，153.7 cm × 190.2 cm，纽约大都会博物馆

第四章

狗与帝王

p124

《乾隆皇帝大阅图》

郎世宁（Giuseppe Castiglione），1758 年（清代乾隆时期），绢本设色，332.5 cm×232 cm，北京故宫博物院

p125

《马背上的维多利亚女王》（*Queen Victoria on Horseback*）

弗朗西斯·格兰特（Francis Grant），1845 年，布面油画，33.6 cm×30.7 cm，英国王室收藏

　　古往今来养狗最成风气的时代是 17～19 世纪的英国，那时候英国贵族热衷于打猎，也喜欢饲养、繁育各种犬只。1837—1901 年在位的维多利亚女王堪称世界历史上最爱狗的帝王。

　　维多利亚女王统治时期的英国号称"日不落帝国"，是最为强大繁荣的国家，在犬只育种、饲养方面也领先世界。据说，维多利亚的母亲肯特公爵夫人对年幼的维多利亚管教相当严厉，白天让家庭教师教导她学习，晚上让她在自己的卧室中和自己一起睡觉。1833 年，西班牙小猎犬"达西"来到肯特公爵夫人家里，它立即成了 13 岁女孩维多利亚最亲密的伙伴。圣诞节期间维多利亚给了它一套橡胶球和两块姜饼作为礼物，她在日记中称之为"亲爱的达西""亲爱的小矮人"。1838 年，维多利亚加冕成为女王后把它带到了白金汉宫，1840 年"达西"去世后被埋葬在温莎宫的阿德莱德小屋，大理石墓碑上的文字称赞道："它的依恋没有自私，它的嬉戏没有恶意，它的忠诚没有欺骗。"

　　女王一生中还养过斯凯梗、波美拉尼亚多毛狗、猎鹿犬、牧羊犬、博美犬等十几种宠物狗，这些宠物狗几乎都曾出现在王室定制的绘画中。19 世纪六七十年代，女王迷上了苏格兰短毛牧羊犬，她总共拥有 88 只短毛牧羊犬。博美犬是她在意大利旅行期间喜欢上的小宠物狗，其中有一只博美犬"图里"是她晚年宠爱的伴侣，她临终前还叫人把这只狗放在她的床边，一直陪她到咽气为止。

　　在中国历史上，喜欢狗的帝王也有不少。帝王拥有那个时代最

为庞大的宫苑、园林，有的甚至拥有森林、草原，这都是他们的宠物狗、猎犬可以驰骋的地方。

记录周代史事的《逸周书》中记载，南方叫"产里""百濮"的部落小国向周王进贡的"短狗"，可能就是一种身材短小的猎狗。当时的诸侯也颇为重视狩猎，如《诗经·秦风·驷驖》中描绘秦襄公畋猎出游时"辀车鸾镳，载猃歇骄"，他们带着的"猃"与"歇骄"就是猎犬。《睡虎地秦墓竹简》中记载，战国末期秦王宫廷中有养狗的官员"狡士"，就是为了满足皇帝游猎而专门负责饲养猎狗的。

秦始皇的宫廷中饲养着众多猎狗，《史记》记载刘邦攻入咸阳后曾经俘获众多财宝、狗、马和美女。汉代首都长安的皇宫设有"狗监"一职，负责为皇帝管理犬只、打扫犬舍等。爱好狩猎的汉武帝还在上林苑设立"衡水都尉"，饲养狩猎所用的犬只，另外专门建有"犬台宫""走狗观"等，用来养狗、赛狗。著名文学家司马相如就是由担任"狗监"的四川同乡杨得意牵线才见到汉武帝，当上皇帝的文学侍从的。后来宦官李延年也曾在长安担任"狗监"，他在一次宴会中夸赞自己妹妹的容貌，向皇帝引见之后果然得到汉武帝的宠爱并生下皇子，被封为"夫人"。此后李延年、李广利等李家人也都"鸡犬升天"，成为俸禄丰厚的高官。皇帝重视养狗，甚至有相关的著作出现，山东省临沂市的银雀山汉墓中发现了《相狗经》的竹简。

南北朝时期北齐的齐后主高纬、南阳王高绰饲养由波斯人引入的"波斯狗",高纬曾把自己的波斯狗封为"赤虎仪同""逍遥郡君"的官职,给予从一品高官的待遇。唐朝皇室在西京长安、东都洛阳设有"狗坊",专为皇帝养狗。当时最受宠的宫廷宠物狗是从东罗马帝国传入的犬种"拂林犬",名画《簪花仕女图》里的宫廷丽人就把它当宠物逗弄嬉戏。

史书记载,契丹人所建的辽国曾经从蒙古人那里获得善于狩猎的"细犬",这种细长形状的猎犬在元代贵族的狩猎图,明宣宗的《双犬图》,清代乾隆时期郎世宁、艾启蒙分别绘制的《十骏犬图》立轴画以及册页中出现过。

清代皇族更是重视狩猎,喜好打猎的康熙皇帝曾多次让宫廷画家描绘"守则有威,出则有获"的猎犬形象。他的儿子雍正皇帝更喜欢猎犬,曾多次谕令造办处精心制作狗窝、狗笼、狗衣、狗垫等,雍正五年(1727)正月十二日曾命造办处给他名为"造化"的狗制作一件"纺丝软里虎拳头",给另一只叫"百福"的狗做一件"纺丝软里麒麟套头",做成后雍正不满意,让人传话返工修改,之后还是不满意,对造办处的人传旨"原先做过的麒麟套头太大,亦甚硬,尔等再将棉花软衬套头做一份,要收小些"。除了仿丝料的狗衣,雍正还多次下令制作鼠皮狗衣、猪皮狗衣、豹皮狗衣等。[7]

雍正的儿子乾隆好大喜功,致力于在各个方面超越前人,他在宫廷中饲养了各地藩王、大臣进献的多种猎犬,经常在去木兰围场狩猎时带着爱犬出猎。他也极为欣赏传教士画家郎世宁(1688—

1766），让他绘制了众多人物、肖像、走兽、花鸟作品。郎世宁年轻时曾在米兰接受绘画训练，曾为教堂、礼拜堂、餐厅等做过绘饰，也曾为葡萄牙王室绘制肖像。郎世宁等传教士画家将欧洲画家对于马、猎狗的重视和描绘技法带来中国，还携带了有关的铜版画，这一时期在宫廷中描绘的狗、马等动物的图像受到欧洲画家丢勒等人的版画以及博物学"图谱画"的影响。[8]

[7]　郑小悠 . 明清宫廷养宠记 [J]. 中华遗产，2016(03).
[8]　王廉明 . 清艾启蒙《十骏犬图》册及清官犬图综考 [J]. 紫禁城，2017 (2):120-137.

　　维多利亚女王少年时代在肯特郡生活时，最喜欢的宠物就是这只西班牙小猎犬"达西"。1833年，画家乔治·海特曾绘制了公主和爱犬在一起的肖像画。或许是爱犬的形象让她又回忆起自己少女时代的生活，1866年，女王又让人复制了这幅画。

《后成为维多利亚女王的肯特的维多利亚公主肖像》（*Portrait of Princess Victoria of Kent, later Queen Victoria*）仿乔治·海特原作
匿名画家，约1866年，布面油画，215.3 cm×145.2 cm，英国王室收藏

　　兰西尔喜欢描绘动物和人的互动，让狗好像有了人类的表情和思想。他的画在当时很受欢迎，还被他哥哥制作成铜版画在市民阶层中传播，他是当时最著名的画家之一。他 1837 年创作的一幅作品《维多利亚女王在马背上》，描绘了年轻的女王骑着马走来，地上还有猎鹿犬"赫克托"、西班牙猎犬"达西"和另一只猎犬陪同，随后是一队长矛兵。画中的老马似乎正在和"赫克托"交流什么，而女王也正在优雅而温和地看着"达西"这边。

《维多利亚女王在马背上》（*Queen Victoria on Horseback*）
埃德温·兰西尔，1837—1839 年，纸板油画，52.2 cm × 43.2 cm，英国王室收藏

　　1840 年初，维多利亚女王的未婚夫阿尔伯特给女王带来了一只灵缇犬厄俄斯（Eos），这只猎犬很快成为他们家庭的一员，陪伴他们度过了蜜月和一个个孩子的出生。

《维多利亚女王的大女儿与宠物犬"厄俄斯"》（ *Victoria Princess Royal, With Eos* ）
埃德温·兰西尔，1841 年，布面油画，英国王室收藏

　　1840 年，新婚的维多利亚女王委托画家埃德温·兰西尔绘制一幅大尺寸装饰画。画家花了三年时间才完成这幅作品。女王很喜欢这幅作品，给了画家 800 英镑奖金，并于 1845 年起把它挂在了温莎宫的起居室里。画中坐在椅子上的阿尔伯特亲王穿着狩猎的户外服装，正在拍着他最喜欢的猎犬"厄俄斯"的头，其他三只小狗分别看着画中的人物；地板上摆放着亲王之前出行时的战利品：翠鸟、野鸭、啄木鸟、野鸡和雷鸟等；维多利亚女王拿着一束或许是亲王亲自采来送给她的鲜花；他们的女儿正在好奇地拿起翠鸟玩耍。

《温莎城堡现状》（*Windsor Castle in Modern Times*）
埃德温·兰西尔，1840—1843 年，布面油画，113.3 cm × 144.5 cm，英国王室收藏

　　1861 年女王的丈夫阿尔伯特亲王去世后，她就常常陷入悲伤之中。她请兰西尔给自己绘制了一幅在奥斯本宫生活的场景绘画：在一个略微阴沉的下午，身穿黑色服装的女王骑在自己喜欢的小马背上读信。牵马的是她最钟爱的仆人约翰·布朗（John Brown），她的手套、一些已经拆开的信封和信纸都掉在地上，她身边有两只爱犬陪伴，一只叫作"王子"的斯凯梗在关切地望着女王，而另外一只边境牧羊犬正在看座椅上的那只小宠物狗。这幅画中女王、布朗的穿着和马、狗的毛色都是黑色，突出了严肃阴沉的感觉，似乎与坐在椅子上的路易斯公主、海伦娜公主隔绝在两个世界中，让女王显得异常寂寞。

《维多利亚女王在奥斯本宫》（*Queen Victoria at Osborne*）
埃德温·兰西尔，1865—1867 年，布面油画，147.8 cm×211.9 cm，英国王室收藏

　　维多利亚女王有过一只来自中国的京巴犬。1860 年 10 月 8 日，英法联军洗劫圆明园时，觉得宫廷中的狮子狗非常新奇有趣，有些军人就带回国并赠送给亲友。英军上尉多恩（John Hart Dunne）把其中一只献给了维多利亚女王，女王称之为"露媞"（Looty），它小巧的样貌引起贵族们的注意和宠爱，被认为是"迄今为止这个国家出现过的最美丽、最小的动物"。1861 年，女王请画家弗雷德里希·凯尔（Friedrich Wilhelm Keyl）描绘了这只京巴犬的肖像。狗坐在一个日本花瓶前的红色坐垫上，身前有一束鲜花和带有两个小铃铛的绳子，这些细节可能是为了突出这只京巴犬的身形之小。

　　据说这只京巴犬在白金汉宫中和其他宠物狗合不来，非常孤单落寞。后来，女王托人从中国带来了另一只京巴犬，它才变得快乐一些，一直活到了 1872 年。在维多利亚女王等人的带动下，京巴犬在 19 世纪末一度成为欧洲贵族中流行的小宠物犬之一。

《露缇》（*Looty*）
弗雷德里希·凯尔，1861 年，布面油画，33.4 cm×38 cm，英国王室收藏

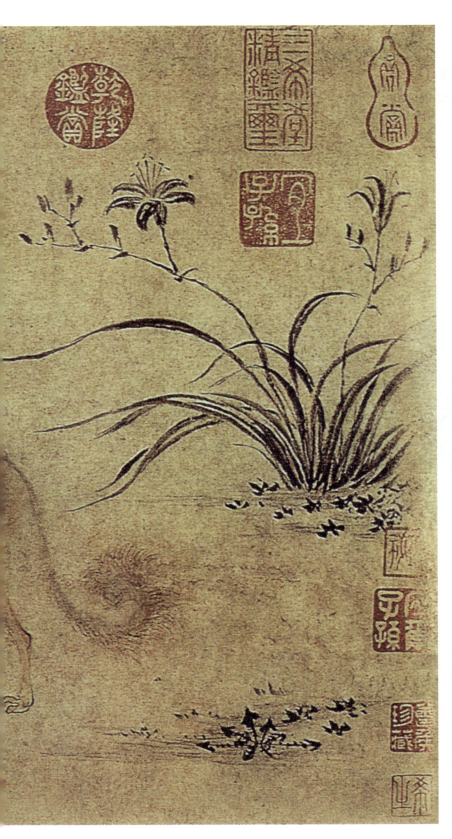

明代的宣德皇帝朱瞻基爱好养狗，他也绘制过《双犬图》，描摹的犬只颇为类似山东细犬或阿富汗猎犬。到明孝宗弘治初年时，西华门、御马监等处饲养的狗有200多只，这些动物大多是供皇帝后妃观赏玩乐的小型犬或者猎犬。

《双犬图》册页
朱瞻基，明代宣德时期，纸本设色，26.2 cm×34.6 cm，华盛顿赛克勒博物馆

　　《竹荫西狰图》描绘了苦瓜藤蔓缠绕的两杆绿竹之下，一只西洋进献的黑白毛色的猎狗正在凝神观望，画中的猎狗和竹子都是以西洋画法的细笔描绘而成，就连地面上的小草也是纤毫可见，突出形体的透视立体感和细节逼真性。雍正曾把这幅画赏赐给自己的弟弟怡亲王，上面有他的鉴藏印章。

《竹荫西狰图》
郎世宁，清代雍正时期，绢本设色，246 cm×133 cm，沈阳故宫博物院

对页图

　　雍正皇帝让意大利传教士画家郎世宁先后画过好几张狗的肖像画作，如描绘暹罗国进贡的狗"者尔得"等。其中有一幅《花底仙尨》，描绘一只毛色赤红的小宠物犬正在回头凝望。画家用细腻写实的笔法呈现了它皮毛的质感与光泽，从地面浅淡的投影、清晰可见的杂草等来看，他无疑是用中国画的工具与材料追求西画的逼真效果。据考证，雍正五年（1727），皇帝曾命郎世宁绘"者尔得"小狗，雍正不太满意第一次呈交的作品，让宦官传旨说，"泰西人郎世宁画过的'者尔得'小狗虽好，但尾上毛甚短，其身亦小些，再着郎世宁还是画一张"。"者尔得"乃是满语"赤红色"的意思，因此这幅画描绘的或许就是这只叫"者尔得"的小狗。

《花底仙尨》
郎世宁，清代雍正时期，绢本设色，151.2 cm×61.9 cm，台北故宫博物院

图1

图2

图3

图4

图5

图6

图7

图8

图9 图10

乾隆十二年（1747），皇帝让郎世宁创作一系列立轴大画《十骏犬图》，描绘蒙满亲贵藩王、各地大臣进献给乾隆的十种猎犬，分别命名为："霜花鹞""睒星狼""金翅猃""苍水虬""墨玉璃""茹黄豹""雪爪卢""蓦空鹊""斑锦彪"和"苍猊"。图上以汉、满、蒙文标明猎犬的名字以及进献者的姓名职衔。其中一幅驻藏副都统傅清进献的"苍猊"，描绘的显然是西藏的藏獒。蒙古贵族进贡的睒星狼、霜花鹞、金翅猃（蒙文意思为西藏犬）似乎都是萨路基猎犬、波索犬的品种。雪爪卢近似现在的蒙古细犬。满族亲贵和硕康亲王巴尔图、大学士傅恒、侍卫领班卫华、侍郎三和等分别进献的蓦空鹊、斑锦彪、苍水虬、墨玉璃、茹黄豹似乎是萨路基猎犬、灵缇犬品种，可能有些是明末清初由欧洲商人、传教士等传入的，有些则是在陕西、山东长期驯养的细犬品种。山东、陕西等地至今还流传的"细犬"或许可以追溯到辽宋时期从北方草原传入的那些"细犬"。

郎世宁这几张画有些是面对猎犬写生创作的，有些则可能是参照之前的画作图像再创作的。画中着力表现每只猎犬的头部、颈部、腿部的形态和躯干的起伏，突出皮毛和尾巴的光泽与质感。如《苍猊》中的狗毛色青黑，因此乾隆为之取名"苍猊"，形容它就像一只黑狮子。相比雍正时期的作品，

这时候郎世宁年纪已经大了，他仅仅绘制了画中狗的形象，而背景的花木是宫内其他画家以中国较为传统的工笔画法描绘的。

可能因为大尺幅的立轴画展开欣赏颇为麻烦，所以约在1753年后，乾隆皇帝让传教士画家艾启蒙以郎世宁画的《十骏犬图》为模板，绘制了小尺幅的《十骏犬图》册，其中睒星狼、霜花鹞、墨玉璃、蓦空鹊、苍水虬、斑锦彪、雪爪卢、金翅猃、茹黄豹与郎世宁立轴画中的九条狗同名，应该描绘的是同一条狗。不同的是，艾启蒙另外画了一条猎犬"漆点猱"，而没有描画郎世宁之前画的"苍猊"。生于波希米亚的耶稣会传教士艾启蒙于乾隆十年（1745）来到中国，他一边传教，一边师从郎世宁学画，很快就被乾隆皇帝诏入内廷，是当时最受重视的洋画家之一。艾启蒙以西方的素描技法，运用解剖学，以短细的笔触一丝不苟地刻画出每只猎犬的形态结构和皮毛的质感，画中的衬景山水则由中国画家以传统方式创作。每幅画的对开上均标明犬名，并有大学士汪由敦和梁诗正撰写的题赞，1772年后保存在乾隆皇帝在紫禁城的书房"乐寿堂"。乾隆皇帝还曾让郎世宁绘制立轴的《十骏马图》，后来又让传教士画家王致诚参照前作绘制了册页版本的《十骏马图》，方便自己平时翻阅欣赏。

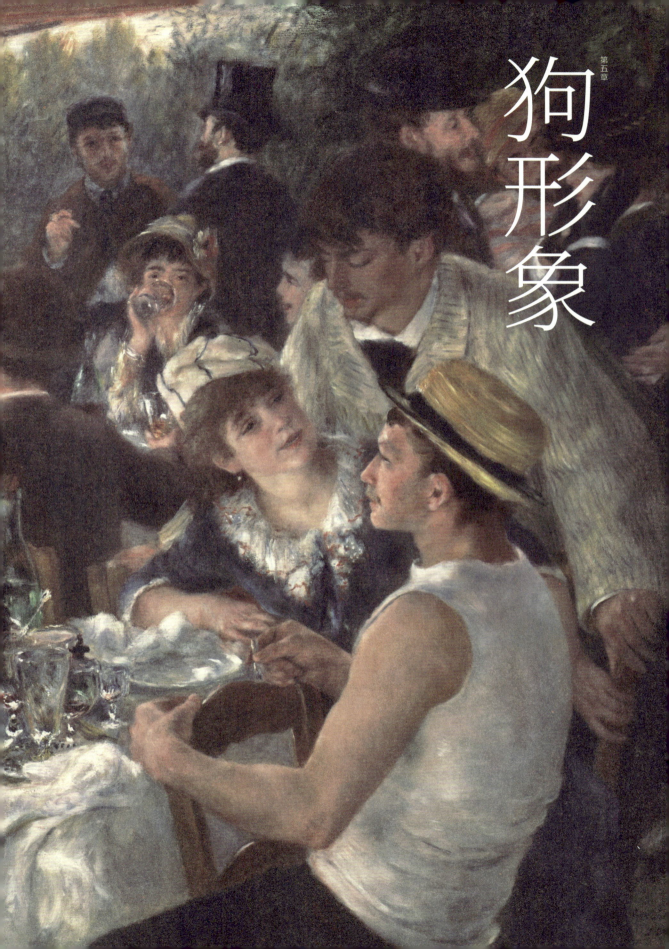

第五章

狗形象

这是印象派画家雷诺阿最著名的作品之一，描绘他的一群朋友在塞纳河划船之后到河畔餐厅的阳台上聚会吃饭，左侧正在逗灰色的艾芬品犬（Affenpinscher）的女裁缝艾琳·查里格特在 9 年后嫁给雷诺阿为妻，右下方穿着白色船夫衬衫、头戴平顶草帽、坐在椅子上的是印象派画家古斯塔夫·卡耶博特，他是一位狂热的划船运动爱好者。

《船上的午宴》（ *Le déjeuner des canotiers* ）
雷诺阿，1881 年，布面油画，129.9 cm×172.7 cm，华盛顿特区菲利普斯收藏

人类驯化家犬的艺术形象，也从 8 000 年前开始在视觉艺术中呈现。

8 000 年前，西亚的岩画、陶器纹饰中就出现了狗的形象，那时候仅仅刻画了它们简单的形象。公元前 4000 年前后，美索不达米亚地区出现了书面文字，首先是象形文字，然后演变成抽象形式的楔形文字，苏美尔人发明的黏土楔形文字板上就有"狗"的形象。纽约大都会博物馆收藏的一块板上除了记载大麦的分布以外，还有一枚印章描绘了一个男人用皮带牵引着两条狗在芦苇丛中狩猎的情景。古巴比伦人把狗当作医疗女神尼宁欣娜（Ninisina）的象征符号，许多关于她的雕塑中都出现了狗的形象。

古埃及人也在三四千年前就把狗的形象做成雕塑、壁画等，比如一件底比斯出土的新王国时期的墓葬雕刻描述了公元前 1550—前 1470 年间，埃及人带着猎狗狩猎的场景。古希腊人的许多雕塑、绘画中也都有狗的形象，比如塞浦路斯出土过公元前四五世纪时一条狗狩猎野兔的石灰石雕像，非常形象和有趣。希腊人的酒器、油壶上也经常描绘或塑造狗的造型。

在亚洲，有一件公元前 1 世纪的印度动物陶俑表现了一家人和他们饲养的动物在一起的场景。陶俑的左侧有一只半蹲坐的狗，但是头部和嘴似乎过于宽大走形，它上侧的柱子上还露出来猴子的脚，似乎在攀着柱子，右侧则是两只鸭子。

中国人对狗的文化记录也很早，湖北省天门市邓家湾遗址出土

的 4 000 多年前的数千个动物陶俑中有几十个家犬的陶俑，大大小小、姿态各异，或卧或立，有的嘴里含物，有的双腿抱物，有的背上驮物，显示着当地部落与狗的亲密关系。山东省胶州市三里河遗址出土过近 4 000 年前的褐陶狗形鬶，是当时部落领袖家用来装酒水的器具，拉长的头部和细长的嘴表明它是猎犬。甘肃省酒泉市四坝文化遗址出土过一件三狗纽盖彩陶方鼎，器盖上站立三只狗的形象在中国古代非常少见，这或许和草原部落的信仰有关。

商代也偶有出土玉犬雕像。商部落注重狩猎、游牧，也用犬只祭祀祖先，贵族和部落首领也常向商王进贡犬只。商代甲骨文中只有象形字"犬"字，描绘的是腹部内收、尾巴上翘着站立的犬只形象。到了西周，"长子狗"鼎等青铜器的铭文上才有了"狗"字，此后狗也见于春秋战国时代的《墨子》《尔雅》等文献。

汉代的画像石上常见描绘猎人纵犬狩猎的图像，大部分都是权贵富豪人家的娱乐活动；而在民间，也常常以陶狗殉葬，让它们在阴间继续给主人看家护院。中国艺术史上的犬只形象在 13 世纪时的南宋发生了很大变化，这个时候出现了不少画家描绘庭院中猫猫狗狗闲适生活的场景，但整体而言，这类绘画在中国文化中并没有多高的地位。

在欧洲，狩猎场景的绘画在中世纪和文艺复兴时期开始流行起来。15 世纪以来，许多权贵富豪都请画家描绘自己狩猎的场景，也在肖像画中让自己钟爱的猎犬出现在膝头、脚下。男性贵族用带有猎狗的肖像画彰显自己的权威，而女性则以宠物犬为伙伴，这在19世纪蔓延到中产阶级中，成了欧洲的主流文化。这一时期，欧洲出现了许多靠画宠物维生的动物画家，一些人还取得了巨大的成功，比如善于画狗、马的英国画家埃德温·兰西尔爵士就成为维多利亚时代最为著名的画家。他12岁就在皇家美术学院举行第一次个展，之后成了维多利亚女王钟爱的画家，被封为爵士，当选皇家艺术学院院士。他的画不仅仅在贵族中流行，他的哥哥还把他的画制成版画销售到各个城镇，让他成为那个时代最为大众所知的画家之一。

从技术层面而言，15世纪以后欧洲的画家常常借助透镜等光学设备精细描绘动物、静物，让静物绘画、动物绘画的水准有了革命性的提高，能够纤毫毕现地呈现出狗的毛发、眼睛等细节。这需要画家在画室中精心研究和绘制，是一项颇有神秘感的技艺，常常是父子相继或者师徒传承，因此，这些作品的价格比较高。17～19世纪时，只有富有的贵族、商人才有钱让画家在油画中描绘自己的爱犬。直到19世纪雕版印刷等技术的不断成熟，才让各种犬只的形象通过印刷品传播到各个城镇。

到了19世纪，印象派画家抛开这些限制，他们直接描绘自己见到的光影和物像，这是艺术观念的一大变化。19世纪发明的照相技术是另一大革命，19世纪末一些照相师已经在自己的工作室拍摄客户和爱犬的影像。到了20世纪后半期，随着照相机技术的进步，小型、廉价的照相机帮助数以亿计的普通人方便地记录爱犬的形象。

到 21 世纪，可拍照智能手机和移动互联网的普及更是让有关狗的图像呈现大爆发的态势，如今在各种社交媒体上都可以看到世界各地爱犬人拍摄的数量巨大的宠物照片和视频。

楔形文字残片：印有男性形象、猎狗和公猪的印章
杰姆代特奈斯尔文化时期（约公元前 3100—前 2900 年），5.5 cm×6 cm×4.15 cm，纽约大都会博物馆

临摹狩猎场景（底比斯 Ineni 墓出土雕刻 1：1 临摹）
尼娜·德·加丽斯·戴维斯（Nina de Garis Davies），纸上蛋彩画，41.5 cm×110.4 cm，纽约大都会博物馆

　　这是埃及人发明的有趣玩具：工匠用象牙雕刻出正在捕猎的猎犬的形象，胸部下方有几个小孔，用细小的皮带穿过下颚上的孔连接杠杆，可以打开和关闭猎犬的嘴，当嘴张开时可以看到里面的两颗牙齿和红色的舌头。

机械猎狗

公元前 1390—前 1353 年，象牙雕刻，6 cm×3.3 cm×18 cm，纽约大都会博物馆

通常这种饮酒器的底部有开口，而这件底部是封闭的，可能并不是日常用具而是陪葬物品。

狗头饮酒器"来通"，公元前 350 年—公元 300 年，赤陶黑漆，高 17.9 cm，纽约大都会博物馆

"来通"饮酒器（未上釉），公元前 4 世纪—公元 3 世纪，陶器，高 15.6 cm，纽约大都会博物馆

《人和动物》，印度西孟加拉邦出土，公元前 1 世纪，陶俑，32.5 cm × 26 cm，纽约大都会博物馆

绿釉陶狗，东汉（公元 25—220 年），陶器，26.7 cm×11.4 cm×24.1 cm，纽约大都会博物馆

卧狗，墨西哥科利马州出土，公元前 200 年—公元 300 年，陶塑，27.3 cm×37.1 cm，纽约大都会博物馆

狗头装饰的长明灯，拜占庭文化，公元 5—6 世纪，铜合金，21.4 cm × 13.5 cm × 25.6 cm，纽约大都会博物馆

博洛尼亚狗，1733 年，德国迈森陶瓷，42.7 cm × 36.8 cm，纽约大都会博物馆

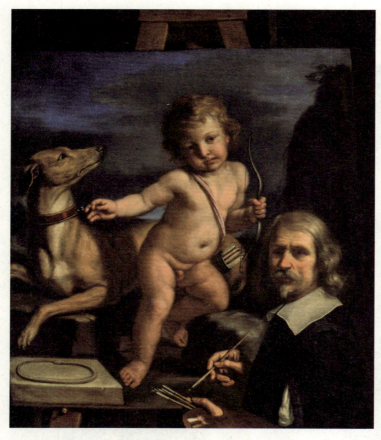

　　画家们偶尔也会描绘自己的爱犬或者让自己与犬只一同出现，比如17世纪的意大利画家圭尔奇诺（Guercino），他在一幅自画像中，以自己正在创作的一幅丘比特手牵着猎狗的"画中画"为背景。

《在画作"Amor Fedele"前的自画像》（Self-Portrait before a Painting of "Amor Fedele"）
圭尔奇诺，1655年，布面油画，116 cm×95.6 cm，华盛顿美国国家美术馆

对页图

　　18世纪中叶的伦敦画家威廉·荷加斯在《画家和他的巴哥犬》中用"画中画"的方式呈现自画像。他那只名叫特朗普（Trump）的巴哥犬蹲坐在桌面上，圆形的画家肖像放置在莎士比亚、斯威夫特、弥尔顿等作家的书籍上，那只狗对画家的画像、书以及调色板等都显得非常漠然。这更像是一幅静物画，而不是自画像。后世学者对这张画的寓意有各种猜测，有人认为那只狗象征画家对艺术的忠诚，也有人觉得这幅画的气息类似之前曾流行的虚空派静物画，主要表现生命、欢乐都必然面对死亡和消逝，以及看破世情后的虚无之感，正如《圣经》所言，"虚空的虚空，凡事都是虚空"。这张画虽然没有虚空派静物画中常见的头骨、水果、表和沙漏等象征符号，但是确实与17世纪画家乔瓦尼·巴廖内（Giovanni Baglione）的一幅"画中画"格式的自画像相似，作者似乎在审视自己的画家生涯意义何在。

《画家和他的巴哥犬（自画像）》[The Painter and His Pug - (Self-portrait)]
威廉·荷加斯，1745年，布面油画，90 cm×69.9 cm，伦敦泰特不列颠美术馆

　　17 世纪末 18 世纪初以为法国王室、贵族绘制动物和静物绘画著称的亚历山大·弗朗索瓦·德波特斯一手扶着猎枪，一手抚摸着灵缇犬的自画像中，猎获的飞禽和野兔丢在脚下，显示这是一次成功的狩猎。

《猎装自画像》（*Self-portrait in Hunting Dress*）
亚历山大·弗朗索瓦·德波特斯，1699 年，布面油画，197 cm×163 cm，巴黎卢浮宫

19 世纪的荷兰画家路易斯·梅杰尔以描绘海景著称，他的一幅自画像描绘自己坐在一张正等待完成的海景画之前，右手揽着自己那只有点胆小的腊肠狗，对比之下画家显得格外镇定和优雅。

《自画像》（*Self-Portrait*）
路易斯·梅杰尔（Louis Meijer），1838 年，布面油画，136 cm×120 cm，荷兰阿姆斯特丹国立博物馆

狗也出现在画家的工作室或者画廊中。在西班牙画家委拉斯开兹的名作《宫娥》中，5岁的玛格丽特公主在宫娥们的陪伴下前来参观画家描绘自己父母——腓力四世和王后的肖像，右下角两位侏儒侍从巴伯拉、佩图萨托脚下卧着一条大狗，最右侧的佩图萨托正伸出脚逗弄这条狗。这条黑黄毛色的狗据考证是英格兰国王詹姆士一世1604年赠送给西班牙国王腓力三世的英国獒的后裔，这是一种凶猛的猎犬，甚至被用来和公牛、熊进行搏斗表演。这种狗最早可能是凯尔特人、腓尼基人或诺曼人在公元前引入英格兰的，古罗马人征服英格兰后曾将这种猛犬带到罗马参加斗兽游戏。

《宫娥》（ *The Maids of Honor* ）
委拉斯开兹，1656年，布面油画，318 cm×276 cm，马德里普拉多博物馆

《利奥波德·威廉大公在他的布鲁塞尔画廊》中也有狗出现在画室中，不过是两只小型宠物犬。画中最醒目的戴帽者就是大公，最左侧站立在桌子边检查雕版印刷品的是画家本人，他是大公的收藏顾问。还有三位绅士是陪同国王来看画的。墙上挂着琳琅满目的画作，比如威尼斯画派大师提香等人的作品。有意思的是，地板上画了两只宠物狗在这个空阔的环境里跑跑闹闹，有人认为这是隐喻尼德兰谚语"两条狗很少就一根骨头取得共识"，因为当时的王公贵族竞相收藏大师名作，彼此明争暗斗。威廉大公把这件油画送给了也爱好收藏的侄子，或许是在炫耀自己的新藏品之精彩吧，因为不久之前他从汉密尔顿公爵手中买下一批意大利绘画精品，这是许多重量级收藏家都在追求的。

利奥波德·威廉大公（Archduke Leopold Wilhelm，1614—1662）是神圣罗马帝国皇帝、西班牙和葡萄牙国王腓力三世的弟弟，腓力四世的伯父。他在1647—1656年间担任西班牙王国所属低地地区（今比利时等地）的尼德兰总督。他是个收藏迷，一生共收藏了近1 400件艺术品，是那个时代最雄心勃勃的收藏家之一。他雇用弗莱芒画家大卫·特尼尔斯二世（David Teniers II）作为总督府画师，并管理自己在总督府的收藏画廊，从1839年开始陆续向大卫·特尼尔斯二世定制了多件这种"画廊画中画"，把每幅收藏的名画缩小摹写下来，记录自己的收藏，也便于向别人炫耀。利奥波德·威廉大公离任时，将这些藏品从布鲁塞尔运到维也纳马厩堡（Stallburg），这些藏品后来成了维也纳艺术史博物馆收藏的核心。他还曾让大卫·特尼尔斯二世请了12个雕版工匠，制作历史上第一个收藏图录《绘画大观》（Theatrum Pictorium），采用图像和拉丁语、法语、西班牙语、荷兰语等多种文字记录自己的主要收藏，1659年在安特卫普出版。

《利奥波德·威廉大公在他的布鲁塞尔画廊》（The Archduke Leopold Wilhelm in his Painting Gallery in Brussels）
大卫·特尼尔斯二世，1647—1651年，铜版油画，104.8 cm×130.4 cm，马德里普拉多博物馆

　　法国著名画家库尔贝以挑衅学院派的自然主义风格绘画著称，他在早期作品《带黑狗的自画像》中的表情就表露出那种毫不在乎主流情趣的神态。他穿着波希米亚式的宽松服装，手里拿着一只烟斗，在山顶的一块石头下休息，当作拐杖的木棍、随身带的书籍都不稳定地靠在山石上；那只黑毛的西班牙猎犬似乎有点劳累了，显得不太精神，画家并不以常见的狗类画作中那种机灵讨好的神色来表现这只狗。这些不同于流俗的画面内容在他的其他画作中得到进一步显露。

《带黑狗的自画像》（*Self-portrait with black dog*）
库尔贝，1842 年，布面油画，46.3 cm×55.5 cm，巴黎小皇宫博物馆

　　照相机的发明和照相技术的发展让艺术家、普通人出产有关狗图像的方式发生了重大改变，摄影开始逐渐取代绘画的记录作用，比如 19 世纪末 20 世纪初的美国职业摄影师大卫·弗朗西斯·巴里（David Francis Barry）就曾留下一张和自己的宠物梗犬的合影，他的一身正装和严肃的表情显示出他对这次拍照相当重视。这时候的照相机还相当复杂、大型和昂贵，只有以摄影为生的职业摄影师和富有人家才买得起。20 世纪后半期，随着技术和市场的发展，小型相机逐渐普及，普通人可以方便地用家用相机拍摄自己的宠物犬，只需要在机器上一按，就可以给自己和宠物留影，制作各种影集。

《带狗的自拍》
大卫·弗朗西斯·巴里，19 世纪末 20 世纪初，摄影

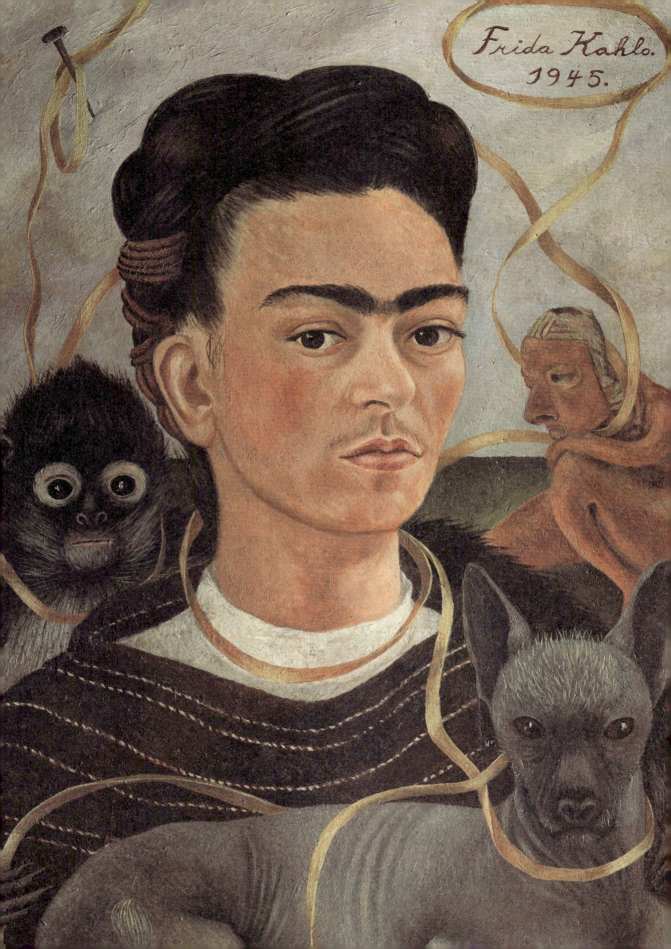

　　传奇性的墨西哥画家弗里达·卡洛（Frida Kahlo）因为遭遇车祸影响而无法生育，她收养了许多宠物，如猴子、狗、鸟等，来作为孩子的替代品，从与宠物的交往中获得安全感、爱和愉悦。她曾经在自画像中描绘自己和丈夫饲养的墨西哥无毛狗和猴子。这种无毛狗是3000 年前阿兹特克人就驯养的狗，他们相信这些黑狗可以指引死去的主人穿越冥界。或许是为了适应热带气候，它们在进化的过程中不再生出毛发，以方便用皮肤散热。她还有一张自画像更加夸张，画中她较小的无毛狗被不合比例地缩小了，似乎与弗里达隔绝在两个世界中，毫无互动关系，显露出她时常体验到的孤独感，她总是要以夸张的穿着、言辞、绘画来对抗这种孤独。

《无毛狗和我》（*Itzcuintli Dog with Me*）
弗里达·卡洛，1938 年，布面油画，71 cm×52 cm

对页图

《带小猴子的自画像》（*Self-Portrait with Monkey*）
弗里达·卡洛，1945 年，复合板油画，墨西哥城多洛雷斯·奥尔梅多博物馆

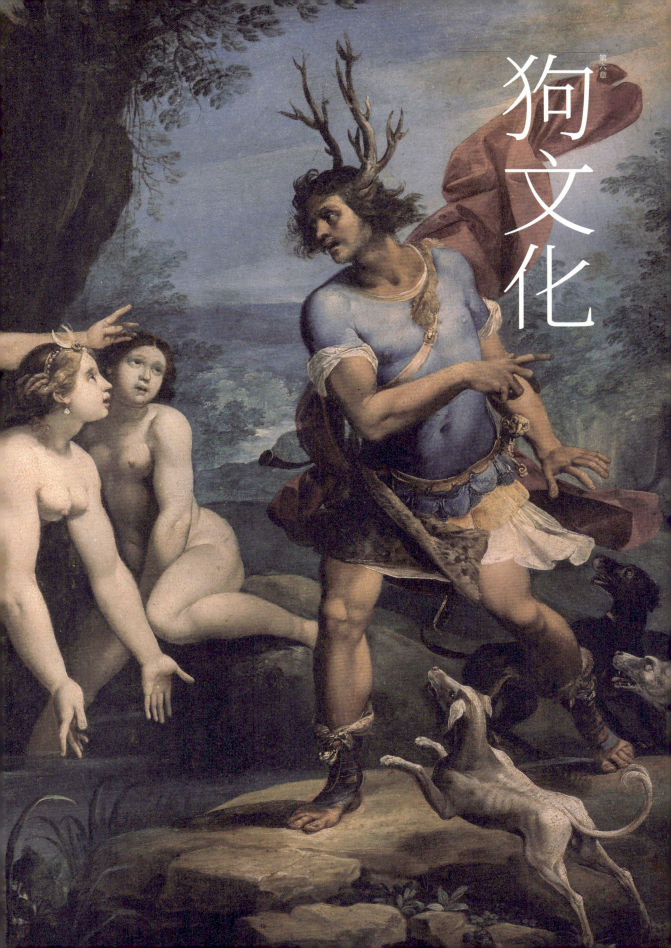

第六章

狗文化

《狄安娜和阿克特翁》（*Diana and Actaeon*）
朱塞佩·切萨里（Giuseppe Cesari），1602—1603 年，铜版油画，50 cm×69 cm，布达佩斯匈牙利国立美术馆

在游牧文明和农耕文明中，狗的文化意义有着巨大的差别。

在注重农耕的中原、江淮地区，狗的地位比较低。只有少数狗用于狩猎，大多数都是看家护院而已，被视为与马、牛、羊、猪、鸡并列的"六畜"之一。大汶口文化（距今 6 300—4 300 年）和良渚文化（距今 5 300—4 300 年）出现了以犬献祭、殉葬的现象，当时许多狗都是为了祭祀或者食用而豢养的。江苏省邳州市大墩子遗址出土过一件距今约 5 000 年的房屋模型，屋子的四周刻画有狗，表明那时候人们已经把狗用于看护家居、聚落。

商周的王室、贵族经常用犬只殉葬，商代贵族"献祭"的"献"字就与用狗祭祀祖先神灵有关，周代的礼仪是用肥壮的狗肉羹献祭宗庙。

春秋战国时期的《礼记·少仪》记载，贵族用于赠送的犬只分为三种——可食用的犬、守御宅舍的"守犬"、田猎所用的"田犬"，可见当时对狗的使用已经有大致的区分。因为狗容易饲养，无论是贵族还是民间都可以做到"鸡犬相闻"。爱狗人士当然也不少，齐景公的爱犬死了，他甚至准备给狗置办棺材，并要在宫中为狗举行祭祀仪式，在晏子的劝说之下才作罢。东汉末年的汉灵帝给狗穿衣戴冠，被看作"玩物丧志"的典型。汉代从王侯权贵到富足人家普遍使用各种动物的陶俑殉葬，希望它们可以在地下继续为亡灵所用。

战国秦汉时一些地方养狗、吃狗肉很常见，如马王堆汉墓出土的随葬品清单记载了"犬戴""犬其胁""犬肩"等狗的不同部位，

以及可能用到的不同烹饪方法。南北朝、隋、唐时，受北方游牧民族爱狗之风和佛教、道教排斥肉食因素的影响，狗肉一度淡出了权贵的餐桌，如隋文帝曾下令"犬马口味不得献上"。

在以农业为主的社会中，狗常常和负面的道德形象相关，许多成语都用狗来比喻不忠、奸诈，如狼心狗肺、蝇营狗苟、人模狗样、狗急跳墙、狐朋狗友。在某些朝代，好狗之辈常常遭受世人的非议，比如三国时期东吴的最后一任皇帝孙皓喜欢养狗，他属下的佞臣何定就命令各地将领进献名犬，有人从千里之外花费数千匹丝绢的价格获得名犬献给皇帝，这在当时被认为是"亡国之君"的败德行为。

相比之下，中国边疆的一些民族对狗更加推崇，苗、瑶、畲、黎等西南地区的少数民族把传说中的神狗奉为祖先，这一点在晋代干宝的《搜神记》中就有记载，说远古时期的一位国王许诺谁能杀死敌对的"戎吴"部落的首领，就把自己的女儿许配给他，结果有一只叫"盘瓠"的犬只猎取了敌首的头颅，国王只好把公主嫁给它，这只神奇的犬只和公主的后代就是中原人所谓的"蛮夷"。在西藏流传着神派狗去遥远的地方寻找种子的传说，它们翻越大山大湖跑到天上，历经千难万险带回了青稞穗子，是给藏民带来谷种的功臣，所以藏族在每年收获青稞以后，要把第一次磨出的糌粑先喂狗。

辽、金、元、清等朝代，皇家、权贵多热衷于狩猎，犬只对于这些部族的作用更为重要，狗在他们的文化中的地位较高。这时候也出现了许多有关犬只的玉雕、绘画等作品。

在具有深厚游牧背景的中东和欧洲文化中，狗具有更加重要的地位。在美索不达米亚，古巴比伦人信奉的医疗女神尼宁欣娜就以狗的形象出现，人们常把蹲着的小狗模型献给她。在波斯、印度、北欧等地的印欧部族古代神话中，狗常常是守卫地狱之门的神灵、魔怪。

在世俗文化中，狗也是忠诚的象征。古希腊传唱的荷马史诗《奥德赛》中说，奥德修斯历经二十年磨难返回自己的家乡，最初是家里那只老狗阿尔戈斯认出了乔装成老乞丐的主人，它已经老得没法大声呼叫和跑动，只能竭力摇着尾巴表达善意，哼哼着垂下耳朵，然后就死去了，而粗疏的其他人并没有发现这个秘密。

古代狗文化和近代狗文化之间的革命性转变发生在 17~19 世纪。17~18 世纪英国贵族中流行狩猎，他们纷纷开始饲养、培育各式猎犬，顺带着宠物狗也更加流行。这时候贵族成立了各种犬只的俱乐部，开始制定各种划分标准，来限定犬只的血统、外观、行为，实际上参照了维多利亚时代的等级社会秩序。

到了 19 世纪，都市中产阶级的崛起刺激了宠物犬饲养的发展，饲养宠物犬成了一种主流的流行文化。据统计，19 世纪中期的伦敦有近 2 万名街头小贩出售宠物，其中大多数都是狗。1859 年纽卡斯尔出现了世界上第一场狗展，1873 年出现了第一个大型犬只俱乐部"英国犬只俱乐部"（The Kennel Club），后来还形成了纯种狗的国家登记系统。养狗成了一种时尚，能养狗意味着家庭富裕，能够良好地照顾和训练宠物，从而彰显自己的品位和能力。

19 世纪末 20 世纪初，在欧美养狗成为都市中产阶级的主流文化之一，如今美国有超过 5 000 万家庭养狗，其他欧美国家的养狗家庭比例也很高，这让犬只护理成了一大产业，关于狗的文化产品也层出不穷，有专门的宠物杂志，有各种犬只养护图书，报纸和网络上有众多关于狗的知识、故事。

19～20 世纪的大众流行文化让犬只的形象更加积极友好，比如在各种童话故事中，狗通常是忠诚、友善的形象。19 世纪末的加拿大、美国流行蕴含道德寓意的动物故事，如玛格丽特·桑德斯（Margaret Saunders）在 1894 年出版的《美丽的乔》中以拟人的手法写一只狗被残忍的主人折磨得奄奄一息，后来被好心的牧师一家解救，过上了幸福的生活。这本书出版以后就引起了轰动，之后十年在加拿大和美国卖出上百万册。这让动物故事一下子成了热门的小说类型，陆续出现了欧·汤·西顿（E. T. Seton）、查尔斯·乔治·道格拉斯·罗伯茨（Charles George Douglas Roberts）等著名的动物故事作家。

20 世纪好莱坞的电影更是让一些可爱的犬只成为"明星"，还出现了专门主打宠物角色的系列电影。近年来仍然有不少狗狗参与主演的电影，如 1996 年的《101 真狗》、2004 年的《导盲犬小 Q》、2006 年的《南极大冒险》、2009 年的《忠犬八公的故事》等电影都曾引起广泛的关注，甚至引发一股小小的养狗风潮。

古希腊神话中最著名的狗是刻耳柏洛斯。掌管地狱的冥王哈迪斯为了防止凡人进入或死人的幽灵逃跑，派一条长着三个狗头的怪兽刻耳柏洛斯守卫地狱的大门，三个狗头张开的大嘴里滴着毒涎，头上和背上的毛盘缠着条条毒蛇，足以让人和鬼都不寒而栗。

主神宙斯与阿尔克墨涅之子赫拉克勒斯是古希腊神话中最伟大的英雄，他神勇无比、力大无穷，曾完成对他有暗害之意的国王交给的12 项被称为"不可能完成"的任务。最后一个最困难的任务就是把冥王的看门狗刻耳柏洛斯带回来。勇敢的赫拉克勒斯下到冥界，只穿着胸甲、披着狮皮，就徒手和三头狗怪刻耳柏洛斯搏斗，制伏它以后用铁链拴住，牵到国王的宫殿前。国王无可奈何，知道自己对付不了这个有神力的人，只好让赫拉克勒斯再把狗怪归还给它的主人哈迪斯，也不再为难赫拉克勒斯。后来哈迪斯的神话被古罗马人融合到冥神神话中，变成了罗马人信奉的地府之王普鲁托，在有关他的雕塑、壁画和马赛克画上常常也描绘着那只守卫地狱之门的三头狗怪物。

《赫拉克勒斯和三头狗"刻耳柏洛斯"》（ Hercules and Cerberus）
鲁本斯（Peter Paul Rubens），1636 年，木板油画，27 cm × 28.8 cm，马德里普拉多博物馆

《冥王普鲁托和三头狗"刻耳柏洛斯"》
乔凡尼·巴蒂斯塔·迪·雅各布（Giovanni Battista di Jacopo），17 世纪早期，青铜雕塑，
28.9 cm×9.2 cm×12.9 cm，纽约大都会博物馆

　　在庞贝出土的壁画中，有一张描绘希腊神话中的牧羊人恩底弥翁（Endymion）看着飘浮在空中的月亮女神塞勒涅（Selene）的作品。他脚下的牧羊犬也被女神的美貌吸引了，正盯着天空凝望。这显然是一条意大利灵缇犬，这是 2 000 多年来欧洲最主要的狩猎犬之一，在中世纪、文艺复兴时期的绘画中都可以看到。

　　希腊神话中的月神塞勒涅有一天在闲逛时，发现了在月光中酣睡的牧羊人恩底弥翁，被他的英俊所吸引，每晚都来凝视他的睡相，用手指轻抚恩底弥翁的头发。有一晚塞勒涅不小心弄醒了恩底弥翁，惊讶之下转身准备离去。恩底弥翁伸手拉住了她，恰巧这时有一颗流星落下，聪明的恩底弥翁以流星为喻，说虽然它一坠地就失去了光芒，可终究摆脱了漂泊，找到了永久的归宿。于是塞勒涅去找朱庇特，恳求他允许自己住在凡间，并赐予恩底弥翁永恒的青春与生命，之后塞勒涅与恩底弥翁幸福地生活在了一起。为了能够在晚上更多地陪伴自己的丈夫与孩子，塞勒涅与狩猎女神阿尔忒弥斯、光之女神菲碧轮流守夜，菲碧代表新月、塞勒涅代表满月、阿尔忒弥斯代表弯月，这就是月相的来历。

　　后来罗马人把塞勒涅和恩底弥翁的传说移植到它们信奉的月神狄安娜（Diana）身上，说狄安娜爱上在庙宇前的台阶上睡着的美少年恩底弥翁，在他睡着以后下来偷吻这位少年。她请求宙斯让这个美少年永葆美丽与青春，宙斯就让恩底弥翁永远沉睡，这样就可以让他永葆青春，狄安娜每天晚上都会下来吻一下沉睡的恋人。

《牧羊人恩底弥翁和月亮女神塞勒涅》（*Endimione and Selene*）
庞贝遗址戴伊奥斯库里宅邸出土，公元 1 世纪，湿壁画，意大利那不勒斯国家考古博物馆

　　罗马人最初以狄安娜为山林女神，后来合并了罗马另一位月神露娜，因而狄安娜成了罗马最主要的月亮女神。后来罗马人又把希腊神话中的狩猎女神阿尔忒弥斯、巫术女神赫卡忒式的某些神迹也融合到狄安娜身上，因此她又被当成狩猎和山林女神，是罗马十二主神之一。古罗马的壁画、雕塑中经常描绘狄安娜带着猎狗在山林中狩猎的场景。狄安娜是一位发誓终身不嫁的处女神，因此英语中"to be a Diana"意为

"终身不嫁"。

　　鲁本斯创作的这幅画中狄安娜手拿长矛，在仙女侍从的簇拥下狩猎，可是画中的狄安娜穿着宽松的无袖束腰长裙，而不是兽皮做的束腰短裙，脚上穿的也不是厚厚的猎靴，而是薄纱一样的袜子，这样就贸然到森林中追赶野兽，似乎有点太不专业。只能说神灵可以超脱现实，或者画家仅仅是想呈现一种抒情的氛围，而不是营造真实感。

《狄安娜与仙女狩猎》（*Diana Huntress and her Nymphs*）

鲁本斯，1636—1637 年，木板油画，27.7 cm×58 cm，马德里普拉多博物馆

p182—183

　　17世纪初著名画家朱塞佩·切萨里创作的《狄安娜和阿克特翁》中描绘了一则悲剧故事。希腊神话中维奥蒂亚地区的猎人阿克特翁（Actaeon）在基塞龙山上狩猎后进入森林，想找个阴凉处休息一下，偶然看到山谷中的一处湖水边，狩猎女神阿尔忒弥斯（对应罗马神话中的狄安娜）正在仙女的服侍下沐浴。随即他被恼怒的女神变成了一只鹿，被他自己的50只猎狗追逐并撕成碎块。这则神话曾被后人多次改编成悲剧演出，也出现在奥维德的《变形记》中。在这幅画中，仙女们替女神遮挡着裸体，阿克特翁的头上已经长出了鹿角，正要变形，那些猎狗估计已经闻到了鹿的气息，正跃跃欲试，要扑向他撕咬。

《狄安娜和阿克特翁》
朱塞佩·切萨里，1603—1606年，铜版油画，50 cm×69 cm，布达佩斯匈牙利国立美术馆

　　墨勒阿革洛斯（Meleager）是希腊神话中的著名英雄之一，是卡吕冬国王俄纽斯和王后阿尔泰亚之子。由于国王在收获季节献祭时遗忘了代表丰收的女猎神阿尔忒弥斯，女神生气报复，朝卡吕冬的原野上放出一头巨大的野猪肆意践踏庄稼、葡萄园和橄榄林。墨勒阿革洛斯召集勇敢的人和亚加狄亚勇敢的女猎人阿塔兰忒等一起，带着猎犬寻觅野猪的踪迹。阿塔兰忒率先射中了野猪，墨勒阿革洛斯则用长矛刺杀了这头可怕的大野猪。可是当他要把野猪的头分给阿塔兰忒时，引起了本国猎人的异议，他一怒之下杀死了自己的两个舅舅，自己也被母亲诅咒而死。

　　雅各布·约尔当斯（Jacob Jordaens）在这幅画中描绘了墨勒阿革洛斯的舅舅们抢走猪头的场景，这与鲁本斯有关神话题材的画作一样。这位画家似乎并不重视画作与传说的描述严丝合缝：这幅画里的阿塔兰忒倒是穿着猎装，可身材肥硕，似乎并不利于追逐猎物；墨勒阿革洛斯盯着舅舅们的眼睛里已经有了怒意，手正在抽自己的长矛，阿塔兰忒的手按在他手上，似乎想阻止他发火；左侧有四只猎狗正在全神贯注地盯着那个野猪头。

《墨勒阿革洛斯和阿塔兰忒》（*Meleager and Atalante*）
雅各布·约尔当斯，1624年，布面油画，151 cm×241 cm，马德里普拉多博物馆

阿多尼斯（Adonis）身材高大，年轻英俊，让美神维纳斯都倾心不已，是希腊神话中有名的"美男子"。阿多尼斯的源头可能是巴比伦神话中的春神和植物之神塔模斯，后来传入地中海东部和北部。据说他一出世就美貌绝伦，爱神阿芙洛狄忒（即罗马神话中的维纳斯）将这个幼儿送给冥后珀耳塞福涅抚养，不料冥后也爱上了他，等他长大后舍不得让他离开。两位女神互不相让，主神宙斯裁决让阿多尼斯每年四个月与阿芙洛狄忒待在一起，四个月与珀耳塞福涅待在一起，四个月独自生活。阿多尼斯喜欢游荡在山林打猎，一天他离开阿芙洛狄忒去狩猎，被一只野猪咬伤身亡。这头野猪可能是阿芙洛狄忒的另一个情人——战神阿瑞斯（即罗马神话中的马尔斯）变的。阿芙洛狄忒知道后泪流满面，悲痛不已，感动了冥王哈迪斯，哈迪斯允许已入冥界的阿多尼斯每年春天回到大地与爱神欢会，秋天再回到冥界。后来阿多尼斯成了植物和美之神，每年死而复生，永远容颜不老。后来罗马神话容纳了这个传说，并说是美神维纳斯对这位美少年一见钟情，可是阿多尼斯非常喜欢外出打猎，一次外出狩猎时被狄安娜派出的野猪撞死。爱神闻讯痛不欲生，求得冥王允准，让阿多尼斯每年春天复活，与维纳斯欢聚，到秋天再归冥府。

　　这幅作品描绘预感到会有不测的维纳斯劝说和阻拦阿多尼斯不要冒险去打猎，让他待在自己身边。可阿多尼斯并不相信，执意要去打猎。按照神话所说，他翌晨打猎时被野猪咬死，维纳斯赶到时不禁悲恸欲绝，伤心之余诅咒世间男女的爱情永远渗有猜疑、恐惧及悲痛。

《维纳斯和阿多尼斯》（*Venus and Adonis*）
提香，1555—1560 年，布面油画，160 cm × 196.5 cm，
洛杉矶盖蒂中心

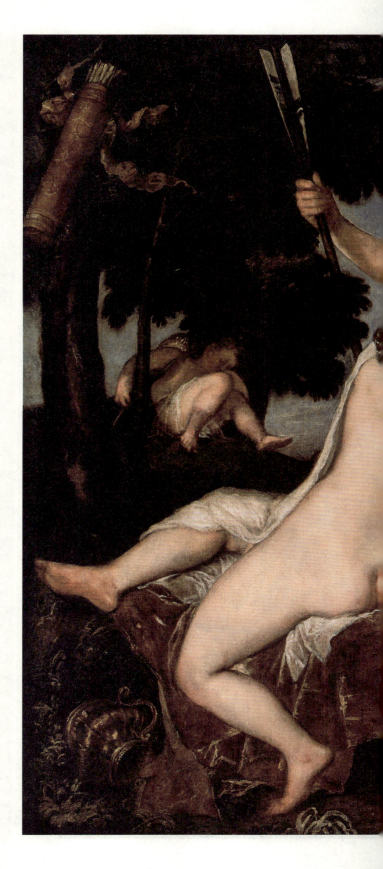

5世纪以后，拜占庭帝国统辖地区的东正教流传"圣徒"圣克里斯托弗的传说。据说他是罗马皇帝戴克里先时代的人，原是北非黑人部落的一员。当时罗马传说中北非居住着各种各样的奇怪生物，比如这个部落就全都是狗头人。圣克里斯托弗被罗马人俘获以后信仰了基督教，还传说被上帝赐予了狗的面孔，以避开自己所不喜欢的女性的注意。在壁画、雕像中，他的形象是一个身材高大、狗头人身的圣徒。圣克里斯托弗被当作"狗头人"可能是一个因语言误会造成的传说：最初某个拜占庭人把拉丁语中的"迦南人"（Cananeus）误读为近似的"犬"（canineus），于是人们从这个错误出发编造出更多的神奇故事。后来11世纪时德国施派尔的主教兼诗人沃尔特（Walter of Speyer）声称圣克里斯托弗是与耶稣同时期的在迦南吃人为害的恶犬，遇见耶稣以后被感化，忏悔了自己的罪行并接受了洗礼，从而获得上帝赐予的人类外表，成为献身教会的圣人之一。

《圣克里斯托弗》（*Saint Christopher*）
匿名画家，17世纪，67 cm×35 cm，雅典拜占庭博物馆

狗头人是一种传说中的妖怪，东西方文化中都想象有一个长着犬头人身的怪物之国。古希腊人把东方的埃及、印度神话传说中的神灵或者野蛮部落称为"狗头怪"或"狗头人"。

埃及神话中哈比（法老的守护神荷鲁斯的儿子）和阿努比斯（死亡之神）长着动物的头或者以动物为标志，流传到希腊后才有"狗头人"（cynocephali）这一概念。据约成书于11世纪初的古英语志怪集《东方奇谭》中描述，埃及南部的狗头人"长着马鬃、野猪的獠牙和狗头，呼出的气如狂暴的烈焰"，他们邻近充满财富的城市，似乎就是传说中黄金之地的守护者。

公元前5世纪，希腊医生克特西亚斯记载印度生活着犬头怪物"cynocephali"，希腊旅行家麦加塞尼斯声称印度的山区有一支头部似狗的部落，他们穿着野生动物毛皮，以狩猎为生。在中世纪的基督教传说中，东方的帕提亚有一些食人族长着可恶的狗脸，只有接受基督教的洗礼才能让他们变成人脸。

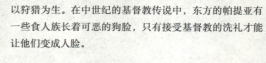

《亚历山大大战狗头人》（*Alexander fighting the dog-headed Cynocephali*）
匿名画家，15世纪晚期，羊皮纸彩绘插图，威尔士国立图书馆

188

　　中世纪后期，欧洲人想象中的黄金漫溢之地和狗头人的位置持续向东移动。13 世纪初来华的意大利传教士鄂多立克曾到广州、泉州、杭州、南京、北京等地游历，并口述出版了一本《鄂多立克东游录》，书中说东南亚的某个岛上有香料和狗头人。罗马天主教教皇英诺森四世（Pope Innocent IV）派出的修道士使节柏郎嘉宾（Giovanni da Pian del Carpine）曾于 1246年到蒙古帝国上都哈拉和林晋见大汗贵由，他在给教会的报告中记载了一则传说：上一任大汗窝阔台汗的军队远征到贝加尔湖地区时曾经遇到狗头族。《马可·波罗游记》则提及头部似狗的部落居住在安达曼群岛上，以种植香料著称。

　　亚洲也有关于狗头怪的传说。《山海经·海内北经》记载，有一种兽首人身的怪物"环狗"，或许是以狗为图腾的部落。犬戎国的图腾是一个女子跪在地上，捧杯向一个狗头人进献食物，西晋时期的郭璞声称这是东海中的"狗封之国"，这里生下的男子是狗头人，女子则是美女。日本传说中被狗咬死的儿童，死后的冤魂会去服侍狗的灵魂。南北朝时的《梁书》记载，曾到日本访问的佛教僧侣惠生声称，扶桑的东边有个岛上住着狗头人部落。

《尼科巴群岛的狗头人》（Cynocephaly of the Nicobar Islands）
马扎里（Maître de la Mazarine），1410—1412 年，《鄂多立克东游录》插图，法国国家图书馆加利卡数字图书馆

天空中有众多的星星，古人注意到季节不同，天上星星的排列也有变化，为方便观察和记忆，就把三五成群的恒星与日常所见的动植物或神话中的人物、器具联系起来，进行分组和命名，于是就出现了所谓的"星座"，其中与狗相关的星座包括大犬座和小犬座。

大犬座（拉丁文：Canis Major）是托勒密定义的 48 个星座之一。大犬座的主星天狼星是从地球上看出去除了太阳以外第一亮的恒星，同时也是离地球较近的恒星之一。大犬座名字的原意是"烧焦"，原因是它最亮的时候意味着炎夏来临。古希腊人称夏日为"犬日"，因为只有狗才会发疯似的在这样酷热的天气里跑出去，因此这颗星就被称为"犬星"，后来为了和小犬座区分，就称之为"大犬座"。

《大犬座、天兔座、天鸽座及雕具座》（*Canis Major, Lepus, Columba Noachi & Cela Sculptoris*）
理查德·劳斯·布洛克桑（Richard Rouse Bloxam）绘图，西德尼·霍尔（Sidney Hall）雕刻，1825 年，"乌拉尼亚的镜子"圣诞卡片系列，华盛顿美国国会图书馆

小犬座（拉丁文：Canis Minor）是托勒密定义的 48 星座之一，据说象征着猎户座的猎犬之一，另一条猎犬是大犬座。小犬座包含中国古代的南河、水位星座。

《麒麟座、小犬座及印刷室座》（*Monoceros, Canis Minor, and Atelier Typographique*）
理查德·劳斯·布洛克桑绘图，西德尼·霍尔雕刻，1825 年，"乌拉尼亚的镜子"圣诞卡片系列，华盛顿美国国会图书馆

《南半球星座图》

约翰内斯·赫维留（Johannes Hevelius），1690 年，《天文星象》第三卷配图

子对鼠，丑对牛，寅对虎，卯对兔，辰对龙，巳对蛇，午对马，未对羊，申对猴，酉对鸡，戌对狗，亥对猪，十二生肖与十二地支是至今仍然富有生命力的中国古代民俗文化，许多人都关注属相及其意义。

唐宋时代十二生肖文化逐渐普及，民间普遍相信出生于某年的人便肖某物，如子年出生的肖鼠，丑年出生的肖牛等，由此还出现了一系列讲究和禁忌，如宋徽宗因其属狗，曾下诏令天下禁止杀狗。民间在婚配中也流行各种属相相克的说法。受中国文化的影响，东亚、东南亚一些国家也流行十二生肖的说法。

《十二生肖之狗》
明代，玉雕，台北故宫博物院

　　乾隆二十四年（1759），乾隆皇帝让意大利传教士郎世宁设计了海晏堂正楼西面的大水法（即喷泉）和园林。郎世宁最初设计了欧洲风格的裸体女神雕塑，可是乾隆皇帝觉得与中华传统不符，让他重新设计，于是就以兽头人身的十二生肖为造型。楼门左右有叠落式喷水槽，阶下为一大型喷水池，池正中是一个高约 2 米的蛤蜊石雕，两侧左右呈八字形各排列着 6 个石座，上面安装着十二生肖兽头人身的铜像，每昼夜十二个时辰，由十二生肖依次轮流喷水，俗称水力钟。如晚上戌时（19：00—21：00），水就会从狗的口部呈抛物线状注入池中。后来乾隆皇帝又命满族宫廷画师伊兰泰绘制并组织工匠雕版制作《圆明园西洋楼铜版画》20 幅，每块铜版用红铜 26 公斤，画面描绘了长春园里西洋楼及周围的园林十景，于乾隆五十一年（1786）刊刻完成。这套铜版画印制精良，曾让西洋人也表示惊讶。这很大程度上归功于康熙、雍正、乾隆三代皇帝都对这类西洋技艺颇为好奇，不仅委托传教士画家创作了一系列作品，也让清朝画家跟随他们学习有关技艺。

《圆明园海晏堂西面的十二生肖铜兽首喷泉》
乾隆五十一年（1786），铜版画，93 cm×58 cm

《圣经》记载有个富翁叫戴夫斯（Divés），他穿着紫色的细麻布袍服天天沉浸在奢华的宴乐之中，有个叫拉撒路（Lazarus）的乞丐浑身生疮，四处讨饭，他路过戴夫斯家时三番五次祈求他施舍点食物和水。戴夫斯不仅拒绝施舍，还让仆人鞭挞拉撒路，并放狗出来咬他。奇怪的是，仆人们无法鞭挞，而狗不但没去咬他，反而过去替拉撒路舔疮口。后来那拉撒路病死了，被天使带到祖先亚伯拉罕的怀里，富翁死了以后则坠入地狱受苦。这则故事告诉我们：信仰虔诚的乞丐也可以得到亚伯拉罕的奖赏和拯救，而不虔诚的富人则要在地狱遭罪。倒是那几只舔舐老乞丐神圣疮口的狗从此得到了文学和艺术的歌颂。

《富翁和拉撒路》（*The rich man and Lazarus*）
博尼法奇奥·委罗内塞（Bonifazio Veronese），1540 年，布面油画，205 cm×437 cm，威尼斯美术学院画廊

对页图

　　天主教的牧师常被比作牧羊犬，他们引导教徒的灵魂走向正道。描绘 12 世纪的天主教传教士圣道明（Saint Domingo de Guzman）的绘画、教堂玻璃画中，画家常在他脚下画一条狗。传说 1170 年，西班牙小镇卡莱鲁埃加（Caleruega）有位虔诚的母亲怀孕时梦见一只小狗衔着火把出生，后来就生下了圣道明。后来他建立道明会，四处传教，死后成为教会认定的"圣人"之一。道明会的教堂常以狗作为标志，牧师则自称"上帝的忠犬"。

《古兹曼的圣道明》（*Santo Domingo de Guzmán*）
克劳迪奥 · 柯埃洛（Claudio Coello），1685 年，240 cm × 160 cm，马德里普拉多博物馆

　　在古罗马，狗也出现在一种神秘的地下宗教密特拉教中。因为受到罗马主流宗教的排斥和压迫，密特拉教常常是秘密传播的。他们在地下修建山洞般的圣所，墙壁上描绘着身着披风的年轻男子密特拉（Mithras）宰牛的图像，或者在其中供奉类似的雕塑。一般都是他正跨在一头白色公牛塔拉托尼（Tauroctony）背上，左膝顶住公牛的腰背，右腿夹住牛的臀部，右脚踩在牛的后蹄上，左手紧紧地掰起牛头，右手上的刀刺进了牛的身体，周围则是狗、蝎子、蛇、渡鸦、狮子之类的图形。历史学家推测，图像中各种动物的位置和上古的星座图位置相对应，公牛代表金牛座，蝎子代表天蝎座，蛇代表长蛇星座，渡鸦代表乌鸦星座，狗代表小犬星座，狮子代表狮子星座。

《密特拉杀死公牛》（*Mithras killing the bull*）
公元 3 世纪，古罗马青铜雕像，35.6 cm × 29.5 cm × 4.4 cm，纽约大都会博物馆

下图

《纳达乔·奥纳蒂的故事（四联画之一）》（*The Story of Nastagio degli Onesti I*）

桑德罗·波提切利（Sandro Botticelli），1483 年，木板坦培拉，82.3 cm×139 cm，马德里普拉多博物馆

对页图

《纳达乔·奥纳蒂的故事（四联画之二）》（*The Story of Nastagio degli Onesti II*）

桑德罗·波提切利，1483 年，木板坦培拉，82.5 cm×138.5 cm，马德里普拉多博物馆

　　14世纪中叶,意大利佛罗伦萨作家薄伽丘写出了故事集《十日谈》,赞美男女的情爱自由,讽刺权贵教士的虚伪残暴,为市民和商人的正当利益发声。其中第五天讲述的第八个故事提及,在意大利拉韦纳,有个父母故去的有钱人家子弟纳达乔·奥纳达蒂爱上了城中贵族巴奥罗·特拉维沙利家的美貌小姐,可不管他怎样追求,都无法博得她的好感。屡次受挫让纳达乔伤心到极点,他毫无顾惜地挥霍着自己的财富。亲友苦劝他到远方旅行,调节一下情绪,他装作郑重其事地打点行装出城,可只离开拉韦纳十来里路,就在一个叫契阿西的地方搭下篷帐住下来,依然像往日那样喝酒、聚餐。

　　一天,他想到了思慕的那位小姐,一个人昏昏沉沉走入一片松林里,忽然听到一阵女人尖厉凄惨的呼喊,随即看到荒草乱树中有个容貌姣好却披头散发的姑娘拼命地奔逃。后面有两条巨大的恶狗张开血口在追赶她,还有个穿着黑胄黑甲的骑士手执长剑、骑着骏马在后面一面疾驰,一面痛骂那姑娘,口口声声称要取她的性命。纳达乔奔上前,阻止骑士去伤害那位姑娘。骑士自述他也是拉韦纳人,名叫纪多·阿那塔纪,十几年前狂热地爱上了追赶的女子,可那个冷酷无情的女人从不搭理他,于是自己一时绝望就用长剑自杀了,因此堕入地狱,永世不得超生。那个狠心的女人竟拍手称快。不料,未隔多久她自己也死了,也一样给打入地狱,被判决要遭受骑士的追杀——她从前折磨骑士多少月份,就要被追赶多少个年头。她一路仓皇逃跑,每个星期的第五天恰好到这片树林时被骑士追上,骑士刺中她以后会用匕首剖开她的胸膛,把她的心肝肺脏挖出来扔给那两条恶狗吃,然后她又可以"复活"成人形继续逃跑,骑士也就继续追赶,如此不断重复。

　　纳达乔目睹这一切后有了个主意,他决定下星期五在松林里那狠心的姑娘遭到杀戮的地点附近举办宴会,把特拉维沙利家的老爷、太太和小姐们都请来用餐。等菜肴上到最后一道时,那仓皇奔逃的少女、追赶的两条恶狗、骑士相继从林子里出现,有好些人冲上前去要搭

《纳达乔·奥纳蒂的故事（四联画之三）》（*The Story of Nastagio degli Onesti III*）
桑德罗·波提切利，1483 年，木板坦培拉，83.5 cm × 142.5 cm，马德里普拉多博物馆

救那姑娘，骑士喝住他们，把上周对纳达乔说过的话重新说了一遍，人们散开后，他就把杀人的惨剧重演了一遍。在座的人唏嘘不已，巴奥罗·特拉维沙利家的美貌小姐面色变得最惨白，心跳得最厉害，对纳达乔的态度转变过来，欣然同意了纳达乔的求婚，两人白头偕老，一直过着美满幸福的生活。

《十日谈》一出版就受到天主教会的敌视，但是到了15世纪，贵族们也开始推崇这部著作。佛罗伦萨的统治者洛伦佐·德·美第奇（Lorenzo de' Medici）在1483年向桑德罗·波提切利订购了一组四张油画，作为礼物赠送给自己在佛罗伦萨的盟友、普奇家族的贾诺佐（Giannozzo Pucci）和卢克雷齐娅·比尼（Lucrezia Bini）作为结婚贺礼。这一组油画就是描述上述故事的场景，一直悬挂在普奇家族的宅邸，1868年被卖掉，其中三幅作品现在收藏在马德里的普拉多博物馆，还有一件在普奇宫。

其中一幅画面（四联画之一）中纳达乔就出现了三次，这是中世纪晚期叙事画中的惯常手法。最左侧树林后面的红色帐篷边上，穿着红裤子的纳达乔正在和朋友告别；画面靠左侧，他正在松林中低头散步；之后就是他看到恶狗（显然是意大利灵缇犬）扑上了奔跑的女子，他急忙抄起棍子冲上去，要赶那条恶狗，那个满怀怨气的骑士正在举剑赶来。

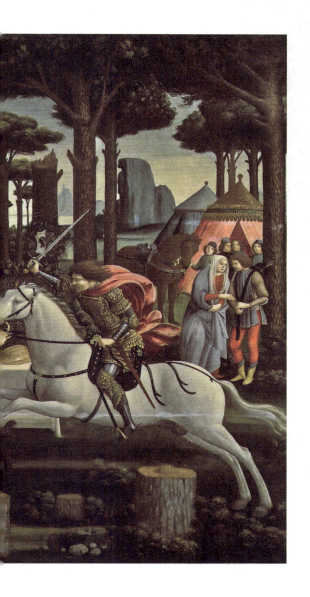

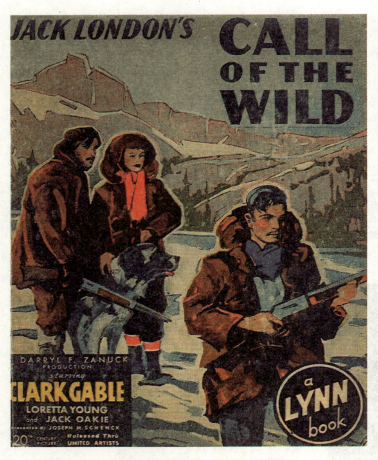

　　19 世纪末，动物语言故事让以动物为主角的小说开始流行。20 世纪初，著名的美国小说家杰克·伦敦写过几篇以狗和狼为主角的小说。最著名的是中篇小说《野性的呼唤》，以 1890 年美国阿拉斯加、加拿大北部克朗代克地区的"淘金热"为背景。那时候因为冬季要靠狗拉雪橇运送物资，导致各种雪橇犬供不应求，价格昂贵。杰克·伦敦曾亲自参与过淘金热，对此有很多观察。

　　他笔下的犬只是有强烈生存意识的拟人化主角，《野性的呼唤》的主角"巴克"是一只混血的圣伯纳犬，原本是加利福尼亚一家富人的宠物，被人偷盗后运到克朗代克出售。在那里它被训练成雪橇犬，必须要在恶劣的生存环境下为自己争取更好的生活条件，不得不变得更加野蛮、精明，它击败了另一只狗，变成了狗群的领袖。这些狗群分别被卖给邮件运送员、没有经验却冒险而来的淘金者，好在巴克被好心的淘金者桑顿救了下来。后来巴克还在桑顿落水时救出了他，桑顿和巴克之间因此建立了友善的关系。后来桑顿在野外露营时被印第安部落袭击遇难，巴克杀死了害桑顿的人，然后进入荒野的森林中，开始呼应狼群的嚎叫。它后来每年在桑顿遇害的日子都到那里去嚎叫纪念，成了传说中的"北方的幽灵之狗"。这一故事先是在纽约的报纸上连载，一个月以后就出版了书籍，是杰克·伦敦第一本畅销的图书。"巴克"的遭遇之所以动人，可能是因为它像人间的英雄成长故事一样，必须面对自然环境、犬只社群以及犬与人的冲突和挑战，在其中拼搏才能生存和获胜，尽管最后的代价是进入荒野成为一只野兽。

《野性的呼唤》电影海报
1935 年，根据杰克·伦敦小说改编的同名好莱坞电影，20 世纪影业

在《野性的呼唤》取得成功后，杰克·伦敦决定写一本与巴克从人类社会走向荒野的选择相反的故事，表现一只从野蛮到被驯服的狗如何进化、变得文明。1906年他发表了名为《白方》的小说，描写在加拿大靠北极的育空地区，一只狼狗和野狼生下的混血儿"白方"从荒野进入人类世界的过程。它先是被一个印第安人所救，跟随主人生活期间遭到主人的漠视和部落里其他犬只的欺负，变成了一只性格乖僻、孤独、心性凶残的犬只。后来它被印第安主人卖给白人斗狗手史密斯，受到虐待和残酷的训练，参加了各种血腥的斗犬比赛。在一个生死关头，它被善良的威顿·史考特所救，在他的训练和感化下，"白方"克服了野性，变成了威顿·史考特忠实的宠物和伙伴。在加利福尼亚的庄园中，它在一个亡命之徒入侵的关键时刻救了主人父亲的性命。这部小说尽管没有《野性的呼唤》那样著名，但也被拍成了电影和翻译成不同语言在世界各地出版，是杰克·伦敦较为成功的作品之一。

杰克·伦敦小说《白方》插图
《经典插画》第 80 期封面，1951 年，纽约吉尔伯顿公司出版

《不来梅的音乐家》
加鲁特·特德维尔（Garuuette Taylor Treadwell）和玛格丽特·福瑞（Margaret Free），1911 年，《年度最佳读本和文学》插图，芝加哥佩特森·罗伊和伙伴出版公司

　　18世纪德国著名的童话作家格林兄弟创作的《格林童话》中有一则有趣的故事：一个农夫养了头驴子，它辛辛苦苦地干各种活计，尽管如此，当它老了时主人还是想杀掉它。于是它偷偷跑出去，决定到不来梅去当乐手。在路上它看到了一条气喘吁吁的老狗、一只愁眉苦脸的老猫和一只担心被主人宰掉待客的雄鸡，它们决定一起逃到镇上去当音乐家，于是结伴同行。在去不来梅的路边，它们发现一群强盗在一个大房子里吃吃喝喝，于是想出妙计，装作是妖怪的样子大吵大闹吓跑了强盗，占据了这个房子，在里面快乐地生活下去。这个欢快的故事后来被绘本书、邮票、卡通片进行了各种呈现，不来梅这座城市的市民当然喜欢这则故事，如果你去那里就能看到这四只动物的雕塑。

《不来梅的音乐家》，系列邮票，1971年，德意志民主共和国

对页图

　　美国童话作家弗朗西斯·蒙哥马利（Frances Montgomery）1908 年出版的《大狗和小狗》，讲述了各种小狗进入新家以后如何适应环境的故事，比如一只小波士顿梗犬如何面对其他狗和人的情况。类似的故事中，狗狗常常如同小孩子一样机灵、莽撞，但总体上它们是可爱的。

《大狗和小狗》
1908 年，蒙哥马利儿童故事书《大狗和小狗》插图，纽约霍普金斯出版公司

　　19 世纪末 20 世纪初，儿童阅读成了一个大市场，很多关于狗的童话、故事书得到出版，其中最有趣的一本绘本《狗日记，或家里的天使》以日记形式呈现了一只狗一天之内的冒险经历。这只感情丰富、机灵的狗喜欢吃丝带、煤炭、绳子等各种东西，因为提醒大家有贼进入而得到了赞赏，在各个房间中寻找各种好玩好吃的东西，还在与猫的混战中被划伤，最后在自己的狗窝中沉沉睡去。

《狗在吃东西》
沃尔特·艾曼努尔（Walter Emanuel）著，塞西尔·阿尔丁（Cecil Aldin）绘，1902 年，《狗日记，或家里的天使》插图，伦敦海涅曼出版公司

20 世纪初的画家弗朗西斯·巴罗（Francis Barraud）最著名的一张画就是狗。他的父亲、伯伯、哥哥都是画家，哥哥马克喜欢绘制风景画，养了一只名叫"Nipper"（意为"咬咬"）的宠物犬，据说它喜欢追咬访客的脚后跟，可能是杰克罗素猎狐梗和斗牛犬的混血品种。哥哥去世后，巴罗征得嫂子的同意后收养了这只小狗。它在巴罗的家中是个调皮的角色，巴罗喜欢听音乐，家里买了爱迪生贝尔公司出品的手摇圆筒留声机，每次主人播放唱片时，"咬咬"都会跳上桌子，好奇喇叭里为什么发出声响，是不是里面藏着什么。后来巴罗把它还给了居住在伦敦郊区的嫂子，1895 年，这只 11 岁的小狗故去了，女主人把它埋在了植满木兰树的公园里。

1898 年，巴罗偶然想起了"咬咬"在桌子上听留声机的场景，于是绘制了一幅小狗蹲在留声机喇叭前面，侧头竖起耳朵听音乐，显得既专注又困惑的画。画完成以后，他命名为《狗儿凝视并倾听留声机》（*Dog Looking at and Listening to a Phonograph*）。巴罗是个有明确商业意识的画家，他为这幅画申请了专利，希望能将画作形象卖给与音乐有关的商业

机构，为此还更改了画的名字，改成了听起来更简短、更有力度的《他主人的声音》（*His Master's Voice*）——似乎狗狗是在听自己主人的录音。可是当时的艺术界、杂志觉得这件作品没什么意思，都不愿意展示或者刊登。他向爱迪生贝尔留声机公司推销自己的这幅画，也没有引起积极的回应，巴罗有点失望。后来朋友建议他把留声机喇叭修改成金色，让画面显得更明亮光彩一些，这才是广告商喜欢的样子。1899 年，他到伦敦新开张的柏林留声机店铺，想借一部金色喇叭的留声机作为参照修改自己的作品。店铺经理欧文对他拿出的作品照片很感兴趣，主动问他卖不卖这幅画，希望他将画作中的留声机改成自己店铺里的品牌。巴罗将画中的留声机改成柏林留声机品牌的手摇唱盘留声机，将作品以及"His Master's Voice"这句话的商标权以 100 英镑的价格卖给了欧文。后来随着唱片产业的发展，有几家公司使用这件作品的图形作为自己商标的一部分，如 1921 年创立的 HMV 唱片公司的标志就是 His Master's Voice 的缩写。

《他主人的声音》
弗朗西斯·巴罗，1898 年，布面油画

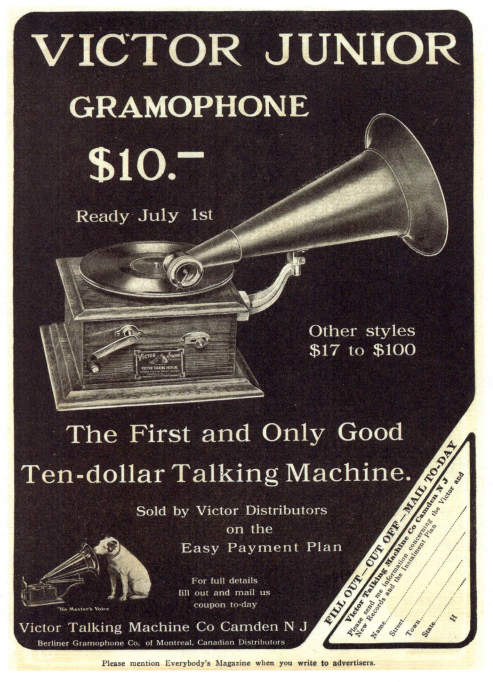

胜利留声机公司 Gramophone 品牌留声机的广告印有《他主人的声音》图像，1909 年，《人人杂志》（Everybody's Magazine）

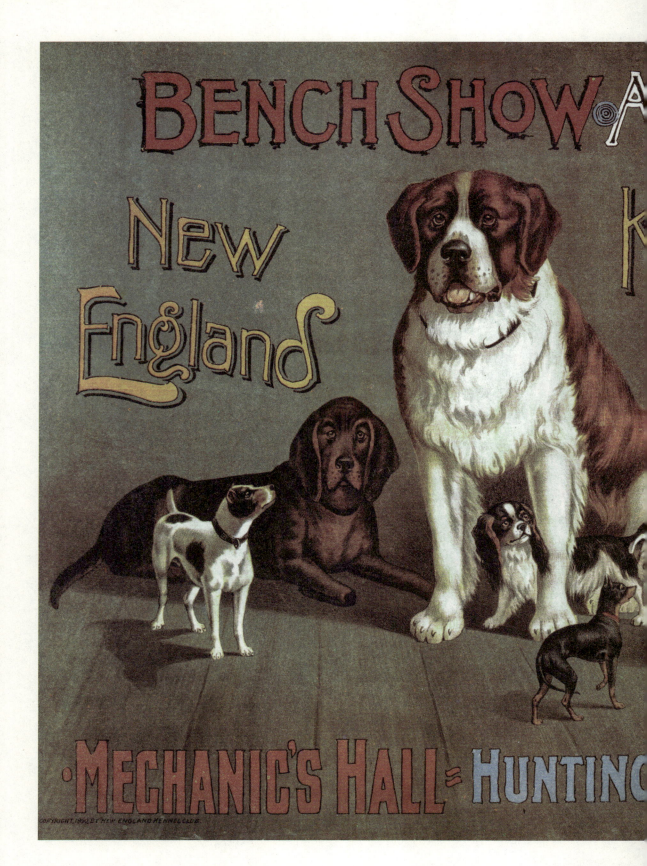

新英格兰犬只俱乐部海滩秀海报，1890 年，华盛顿美国国会图
书馆

对页图

比利时漫画家埃尔热（Hergé）的著名作品《丁丁历险记》中的主角之一"米路"（Milou）是一个被创造出来的漫画角色。据说这个名字来自于埃尔热年轻时交往的女友名字。看样子它是一只刚毛猎狐梗，但是现实中这种狗并不是纯白色的毛发。它可能是画家为了节省上色的时间而有意画成这样的。米路是丁丁探险过程中的忠实伙伴，喜欢和阿道克船长的猫、船上的鹦鹉打架，与船长一样酷爱喝威士忌，尽管有时会误事，可它毕竟是一个忠诚而聪敏的伙伴，多次把丁丁从危险中拯救出来。

《蓝莲花》，埃尔热，《丁丁历险记》分册封面

从 20 世纪上半叶开始，好莱坞也使用狗狗作为电影中吸引人的卖点。听话的牧羊犬是最早的好莱坞动物明星。作家劳伦斯·特林布善于和狗狗交流并训练它们，1909 年，他让一只苏格兰牧羊犬瑞塔格瑞夫参与主演了一部无声电影，这是第一个在电影中扮演主角的犬只。这部电影公映后，瑞塔格瑞夫受到欢迎，这只狗就在 1910—1913 年出现在了一系列电影中，和人一样成了明星。

劳伦斯还训练了一只德国牧羊犬成为动物明星：一只曾在柏林警察局、德国红十字会服务的工作犬退役后被卖给了纽约的一个狗商。劳伦斯看到这只训练有素的狗狗，发现它会区分善意和恶意的人，也挺乖巧聪敏，觉得它适合出演电影，就让编剧买下来并改名为"强心"（Strongheart）。"强心"出演了1921 年拍摄的户外探险片《无声的电话》，首映后它成了著名的动物明星。到 1927 年，"强心"一共出演了 6 部好莱坞默片，也带动了美国人饲养德国牧羊犬的潮流。1929 年，它在拍摄一部电影时不慎被片场的高温灯具烫伤，后转化为肿瘤并因此病故。

"强心"主演的好莱坞电影海报，20 世纪 20 年代，宣传彩绘

　　一只叫"凛田田"（Rin Tin Tin）的德国牧羊犬因为在电影中的精彩表演而大出风头。这只狗是美国士兵邓肯在1918年第一次世界大战期间从法国战场上带回来的，是德军军犬生下的一窝五个幼崽之一。邓肯带它回到洛杉矶，受到"强心"成功的启发，决定训练它出演无声电影。1922年，它在出演的第一部电影中扮演了一只狼。1923年，它主演的电影《北方开始的地方》大获成功，"凛田田"很快成了动物明星。此后一直到1931年，它一共主演了24部电影，是当时最著名的动物明星之一。无论是出演电影，还是出现在商品广告中，"凛田田"都给主人带来了丰厚的收入。1932年"凛田田"去世后，邓肯还让它的后代继续在一系列电影、电视、广播节目中演出，这只狗的名字已经成为一个商标和品牌。

"凛田田"主演的电影《孤身守卫》海报，1930年，吉祥物影业

　　1934 年，在米高梅出品的电影《瘦子》（*The Thin Man*）中，威廉·鲍威尔（William Powell）和玛娜·洛伊（Myrna Loy）两位明星扮演尼克和诺拉这对搞笑侦探，他们家中有只顽皮的刚毛猎狐梗。这部影片成功开辟了悬疑喜剧这一电影类型，后来还拍摄了五部续集。这只狗在现实中的名字是斯凯皮（Skippy），于 1931 年出生，3 个月大时主人就以拍电影为目的训练它，1932 年就开始参与电影演出。《瘦子》使得它成为当时最著名的狗狗明星之一，它不仅是主人逗趣的玩物，还像警犬一样帮助主人破案。此后，它陆续出演了"瘦子"系列《迷雾重重》《疑云重重》《瘦子的影子》《疑云风波》等多部电影。它每周可以挣到 200～250 美元酬金，是那些打杂的狗狗演员的 10 倍以上。

电影《迷雾重重》宣传卡片，1936 年，米高梅影业公司

格兰维尔（J. J. Grandville）让拟人化的动物表演人类的社会活动，创造了一个奇异的梦幻世界，可以说是迪士尼卡通片等现代漫画、动画和幻想艺术的灵感源头，改变了动物在文化史中出现的形式和形象。

格兰维尔出生在 1803 年，从小跟擅长人物肖像画的父亲学画，17 岁到巴黎时正值大众文学写作和出版在法国流行的时代。大仲马、雨果、巴尔扎克、司汤达等人的写作得到众多呼应，讽刺时事、表现都市生活的漫画杂志也是这个时期最受欢迎的大众艺术之一。格兰维尔除了创作针对社会现象的讽刺幽默漫画作品外，还为《格列佛游记》《鲁滨孙漂流记》《唐·吉诃德》等一系列著作绘制插图。

1829 年，他出版的《当今的变形》（Les Métamorphoses du Jour）给人以新奇的观感，这里面的 70 幅单幅作品中都是拥有动物头部和人类身体的变形人。狗、鸡、羊是都市中的普通市民，马似乎是苦力工人，大象、犀牛等体形庞大的动物则往往充当大腹便便的权贵富豪，女人和科学家们则是带有长嘴的动物头。它们都有着动物的脸庞，穿戴都市人的衣服、帽子，使用人的工具和姿态演出各种都市生活场景和小说中的场景。用动物形象创作讽刺漫画虽然已经很常见，但是系统性地用兽首人身的系列人物模拟人类社会活动则是他的首创，这展示了年轻画家另类的想象力。他晚年更是创作了一连串超现实主义风格的画作，被 20 世纪的超现实主义者视为先驱。

这些绘画引起了人们的思考：是狗、猫、鸡等动物学会了人的行为，还是人蜕化成了动物？19 世纪末的著名文学家波德莱尔就对格兰维尔推崇不已："当我打开格兰维尔作品的大门时，我感到一种不安，虽然在那个房间里，所有的混乱都被有条理地整合到了一起。可能有一些肤浅的人被格兰维尔的幽默所吸引，但对我来说，我对他抱有的是深深的敬畏。"

《当今的变形》插图，格兰维尔，1829 年出版

《一只聪敏的狗》（*A Clever Dog*）
尼凯斯·德·凯泽（Nicaise de Keyser），1887 年，木板油画，21.5 cm×34 cm

　　格兰维尔之后，让狗如同人那样进行社会活动的艺术作品越来越多，尤其是许多广告公司都喜欢以猫猫狗狗的形象吸引客户的关注。卡修斯·马塞勒斯·柯立芝（Cassius Marcellus Coolidge）1894 年为一家酒类广告公司创作了油画《玩扑克牌》，描绘了如同人一样在俱乐部玩牌的四位"狗绅士"。右侧戴眼镜的赢家泰然地将拿雪茄的手搁在椅子一侧，气定神闲地看着有点沮丧而不服气的两位对手，左侧的托盘上放着威士忌酒和烟头之类的物品，显然牌局已经进行了好一会儿。

《玩扑克牌》（*Poker Game*）
卡修斯·马塞勒斯·柯立芝，1894 年，布面油画，105.7 cm×127 cm

左图

《好心人》，1907 年，布面油画，31 cm×18 cm

右图

　　一家烟草公司 1869 年请艺术家创作的广告石版画中，一只狗如同某个富有的绅士那样在俱乐部小憩，它戴着单片眼镜，眯着眼正打算享受身前桌上的一瓶香槟酒和一包烟草。

烟草品牌广告，1869 年，彩色石版画，美国国会图书馆

第七章

狗本性

就像其他所有动物一样，一只狗的成长要经历诞生、哺乳、成长，和人一样要面对生、老、病、死的考验。

母狗每年发情两次，它们怀孕两个月左右就可以生下一窝小狗，通常数量在 1~10 只，有的大型犬一次可以生下十几只幼崽，分娩时间隔几分钟到半小时，一只只幼崽会依次出生，刚出生的幼崽都蜷成一团，双眼紧闭，外面包裹着一层薄薄的胎膜，母亲会舔干它们的身体，咬断脐带。这时候的幼崽都挤在母亲周边，只能摇摇晃晃地扬着小脑袋左拱右突地寻找奶头吸吮奶水。

大多数犬只的幼崽要 10 天左右才能完全睁开眼睛，在这之前它们没有听觉和视觉，排泄物也是由母犬舔食掉。出生 20 天左右它们才能独立行走，40 天左右可以断奶，此时离开母亲也可以存活下去，3 个月左右便可长大成熟。狗的寿命一般在 12 岁左右，有些能活到 20 多岁。

在饮食方面，过去的数千年，家犬大多数时候都是吃人们剩下的残羹冷炙，或者在村镇中寻找各种可吃的小零碎。不过对于刚出生不久的小狗，人们也总结出了许多特殊的喂养食物。如公元前 37 年，古罗马诗人维吉尔在他的《牧歌》里提到，要给斯巴达猎犬和凶猛的獒犬喂食用牛奶制作奶酪时的副产品乳清。后来罗马人也用混合着乳清、大麦粉、小麦粉的食物或者煮成糊糊的豆子喂狗。当然，也有人用奶、动物油脂和肉喂狗。对大多数狗来说，各种家庭宴会、婚礼、酒馆、饭馆是美餐一顿的好机会，许多绘画中对此都有描绘。到了 19 世纪中期，美国电工詹姆斯·斯普拉特（James Spratt）在伦敦看到船厂附近的狗捡拾丢弃的饼干碎片为食，他回到美国后就试验用小麦、蔬菜和肉碎压制成饼干作为狗粮。1890 年，他建立了工厂专门生产狗粮，这种狗粮在当时是重要的商业发明，还曾在世界博览会上获奖。商人们推出了含有各种营养成分配比的专用狗粮，成了欧美城镇中的宠物犬最常见的食物，有许多商业机构研究哪些食材、营养物质合理搭配，可以更好地满足不同品种、年龄的狗的需求，这是一个产值上千亿的大产业。

狗需要一定的空间进行散步、游戏和放松，它们需要在生理和心理上得到释放，有一定的社交生活。在城镇中，狗的行为受到了空间和法律的限制，主人必须时常带它们出去放风、玩乐。对不少人来说，每天早晚出门"遛狗"并不是一件轻松的事情，一些人因为无法坚持遛狗，最后放弃了养狗。

狗也和人一样，容易遭遇疾病的侵扰，会患上糖尿病、牙病、心脏病、癌症、关节炎等，有些品种的狗易患发育不良、失明、耳聋、肺动脉狭窄、膝关节脱臼等遗传疾病。它们也可能遭遇其他麻烦，常在户外活动中或者因吃到不洁的食物而感染寄生虫。人类的无意举动也可能伤及犬只，狗如果吃了海棠、一品红和芦荟等观赏性植物以及巧克力、洋葱、大蒜、葡萄干等食物，都可能使健康受损。

大多数狗的平均寿命是 10～13 岁。就种类而言，迷你贵宾犬、日本斯皮兹犬、边境梗犬、西藏猎犬比较长寿，平均可以活

14～15 年；而寿命最短的品种是波尔多犬、小型斗牛犬、爱尔兰猎狼犬，平均只能活 5～7 年。截至目前，有记载的最长寿的一只狗活了 29 年。19 世纪的欧洲贵族讲究狗的"纯种血缘"，现在这依旧为许多人所接受，可是科学家研究发现，混种狗的平均寿命要比纯种狗长，也更健康。

对狗来说，它们最重要的能力是与人相处的技能。3 万年来，狗一直与人类相处，它们比任何物种都更能理解人类的行为，也乐于与人交流。大多数狗能分辨出主人不同的声音、面部表情、手势等肢体语言并及时做出各种反应。科学家研究发现，狗和主人对视时，双方体内有"爱意激素"之称的后叶催产素的分泌量会增加，从而增进双方的感情，这与人类婴儿和母亲加强情感纽带的机制是相似的。这种独特的机制是人和狗在长期的亲密互动中形成的。

在某种意义上，人也是狗的助手。当面对难以解决的问题时，家犬会习惯性地看着主人，寻求他的帮助。也就是说，狗知道人会帮助自己解决疑难问题。和人类的良好关系让狗成了如今世界上丰富多样、数量最多的哺乳动物之一。

在如今的都市里，护理宠物狗已经变成了一个巨大的产业，有许许多多的企业正为人们的宠物创造和生产各种商品。从最常见的狗粮、狗绳、狗玩具，到狗香水、狗时装、狗家具、狗屋这样的物件，再到狗美容师、狗医院、狗培训中心等场所，还出现了允许和鼓励带狗进入的咖啡馆、水疗中心、公园、海滩、酒店、航空公司和墓地等。可以说，在狗陪伴人的同时，人们也建立了照料狗的巨大产业体系。

全世界城镇中的这些宠物犬数量可能有一两亿之多。此外，世界上还有更多的散养狗、野狗生活在城镇附近，这些狗绝大多数都无人照看，主要依靠吃人类遗弃的垃圾食物或者猎食小型动物维生。遭到遗弃的犬只在许多城市都成了社会问题，人们为此建立了众多的动物收养机构，试图缓解这一问题。而在许多小村镇边缘生活的大量野狗则无人顾及，它们和人类维持着若即若离的关系，也时常和其他动物发生冲突。它们有时候会遭到人类的捕杀或别的大型食肉动物的猎杀，如野狼。绝大多数情况下，单只野狗无论是体力还是智力都不是单只野狼的对手，难以抵挡狼的攻势。好在绝大多数野狗都是群体出动，而野狼通常是成对出现或者只有几只、十来只的小群。如果是群体对决的话，野狗更占优势，狼见到大群的野狗也会躲开。

　　中国宋代的艺术品中就有关于母犬哺育幼犬或者和幼犬玩耍的场景，比如宋代画家在《秋庭乳犬图》中描绘了一只哈巴狗与三只小狗在庭院中嬉戏的场景。类似的还有《萱花乳犬图》《鸡冠乳犬图》等作品，这类题材多出现在团扇上，富有趣味性。如萱花因为象征慈母，以犬只哺育象征母慈子爱之意，可以想象这类团扇多数都是女子使用。

《秋庭乳犬图》
无款，宋代，绢本设色，24.1 cm×25.2 cm，上海博物馆

《小狗的早餐》（*Puppies' breakfast*）
沃尔特·亨特（Walter Hunt），1885 年，布面油画，72 cm×92.5 cm

《花阴卧犬》
佚名画家，清代，纸本设色，296 cm×182 cm，台北故宫博物院

《猎麋犬和小狗》（*Elghund med valper*）
卡尔·乌彻曼（Karl Uchermann），1894 年，布面油画

《有什么后果？》（*Wie wird es enden?*）
L. 里德勒（L. Riedler），1900 年，木板油画，26.5 cm×20.5 cm

《这就是结果！》（*So wird es enden!*）
里德勒，1900 年，木板油画，26.5 cm×20.5 cm

    19 世纪末 20 世纪初的德国画家里德勒用两张油画模拟了类似电影中的分镜头场景：两只顽皮的狗发现了一个有趣的新玩具——手风琴，它们一上一下正在拉扯那个小小的手风琴,这会有什么结果？下一张油画表现了手风琴断开的瞬间，地面上的小狗也滑倒在地，原来放在桌子上的一顶帽子也被桌子上的狗弄得掉在了地上。那位倒霉的手风琴看到这一幕会有什么反应？结果在画面之外。

19 世纪末的英国艺术家弗兰克 · 佩顿（Frank Paton）绘制了一群小孩子在放风筝玩，当风筝掉落在地上，狗狗们可算是发现了一件玩具，它们快速地跑过来撕咬着风筝玩，而正赶来的孩子只能懊恼地看到一件破碎的风筝骨架。

《找到了玩具》（ *Ein gefundenes Spielzeug* ）（仿卡尔 · 莱克特）
弗兰克 · 佩顿，19 世纪末，木板油画，32 cm × 39.5 cm

17 世纪荷兰风俗画家扬·斯蒂
恩的家族是经营酒厂的，他自己也在
艺术市场不好的时候经营过小酒馆以
维生，在他许多描绘小镇生活场景的
作品中常常出现狗的形象。油画《谨
防奢侈》将乡镇酒馆中的有趣场景以
戏剧性手法结合在一起，房间中央的
男女主角已经酒足饭饱，呈现出一副
醉态，右侧的神父、修女试图对男主
角进行教诲，可是他毫不在意。修女
的脚下有一只白猪的头探进来寻找食
物，咬着不知是谁遗失的钥匙。左侧
看护婴儿的保姆已经睡着了，任凭坐
在儿童椅里的小孩玩闹。有只狗跳上
桌来正在偷吃食物，尽管如此，看上
去这只狗还是挺瘦弱的，或许乡镇酒
馆中并没有太多食物能让它饱餐。

《谨防奢侈》
扬·斯蒂恩，1663 年，布面油画，105
cm×145.5 cm，维也纳艺术史博物馆

《新闻》（*Neuigkeiten*）

弗兰兹·沙姆斯（Franz Schams），19 世纪 80 年代，木板油画，39 cm×31 cm

只有极少数贵族饲养的猎狗、玩赏犬会有专门的人员饲养，给它们吃肉或其他食物。让·巴蒂斯特·夏彭蒂尔（Jean-Baptiste Charpentier the Elder）在 1768 年创作的《庞蒂耶夫家族》中，呈现的是当时法国贵族庞蒂耶夫公爵一家在休闲时品尝时髦饮料巧克力的场景，有一只小狗正在从主人那里获取小零食吃。

庞蒂耶夫公爵的父亲图卢兹伯爵是太阳王路易十四和情人孟德斯潘夫人最小的儿子，他们在巴黎的居所是图卢兹宅邸，休闲时居住在朗布依埃城堡。公爵本人热衷于慈善活动，有"穷人们的王公"的外号，画面中左侧身披蓝色勋章饰带的是公爵与儿子朗巴尔，朗巴尔目光注视的则是 19 岁的妻子玛丽·路易斯，她正在悠闲地将一块小零食递给自己的宠物犬。她身后站立的年轻女子是公爵的女儿路易丝·玛丽·阿德莱德，当时才 15 岁。最右侧身着金黄色华服、手持瓷杯的是庞蒂耶夫公爵的母亲、图卢兹伯爵夫人玛丽·维多利亚。画家创作这张家庭肖像时，公爵的母亲已经过世多年，但是公爵执意让画家添上母亲的肖像以示纪念，画家还在她的脚下画了花束表达敬意。

不幸的是，这张画上的两位年轻女子后来都遭遇了巨大的不幸。这张画绘制后不久，风流的朗巴尔就因病逝世，玛丽·路易斯成了一个年轻而富有的寡妇，后来长期居住在巴黎，出入国王的宫廷，成了路易十六的王后玛丽·安托瓦内特的好友。1774 年，她曾经应邀担任"宫廷女总管"这一职位，可惜其他贵妇嫉妒她这样排名靠后的公爵夫人担任高级荣衔，议论纷纷，不到一年后她就离职了。1789 年法国大革命期间，她作为和国王夫妇交好的贵族受到很多攻击，法庭要求她宣誓"热爱自由和平，憎恨国王和王后"，她拒绝了，出门以后就被几个暴民在街头杀害。

在哥哥亡故后，路易丝·玛丽·阿德莱德成了这个富有家族唯一的继承人，许多觊觎这笔巨大财富的贵族都希望和她联姻。庞蒂耶夫公爵有意将女儿许配给奥尔良公爵之子路易·菲利普·约瑟夫（继承他父亲的爵位后称"奥尔良公爵路易·菲利普二世"）。国王路易十五曾好心提醒庞蒂耶夫公爵，这个年轻人是个脾气很坏的"浪荡子"，希望他从长计议。但是 1769 年他们还是在凡尔赛宫举办了婚礼，路易十五为他们举办了盛大的婚宴。此后法国政局动荡，奥尔良公爵路易·菲利普二世以革命党自居，参加了雅各宾俱乐部，并主动去掉贵族封号，号称"平等的菲利普"，是法国大革命期间的风云人物之一。尽管他曾投票赞成对他的堂弟、国王路易十六处以死刑并曾揭发儿子的叛变行为，可还是被激进派在 1793 年送上断头台。路易丝·玛丽·阿德莱德本人一度被监禁，后来被驱逐出境到西班牙巴塞罗那流亡，1814 年波旁王朝复辟后才得以返回法国，1821 年逝世。1830 年她的长子路易·菲利普即位成为法国国王，1848 年革命爆发后主动逊位，隐居英格兰的萨里郡终老。

《庞蒂耶夫家族》（*The family of the Duke of Penthièvre*）
让·巴蒂斯特·夏彭蒂尔，1768 年，布面油画，176 cm×256 cm，凡尔赛宫

拉封丹在他的寓言故事集第七卷中写过一则《脖子上挂着主人饭菜的狗》的故事，说是有一只狗经常在自己的项圈上挂着主人的餐盒，把主人的饭菜捎回家中，主人也会分一点给它吃。可是有一次，这只好狗在路上遇到一只别人家的看家恶狗拦路抢夺，为了轻装上阵，它就把餐盒放在地上，和那只看家恶狗搏斗打架。这时候其他专以偷窃乞讨为生的流浪狗纷纷围上来，要为这只看家恶狗助阵，这只送餐狗眼看寡不敌众，想到要保住自己的那份饭菜，就机灵地对群狗说：我只要自己的那一份，其他的大伙可以分享。于是它率先叼起一块食物，其他狗一哄而上吃了剩下的食物。拉封丹用这个故事讽刺了当时法国体制下大小官吏纷纷贪占公款公物的现象，即便有人开始不敢伸手拿钱，但周围的官员都虎视眈眈，他也很快就会改变观念，成为同流合污的一分子。

18世纪初，著名的动物画家让·巴蒂斯特·奥德瑞把这则寓言形之于绘画，那只黄毛狗丢下主人的饭菜篮，正在和那只白毛狗搏斗，它处于下风，似乎即将要屈服。

《给主人送晚餐的狗》（*The Dog Carrying His Dinner To His Master*）
让·巴蒂斯特·奥德瑞，1751年，布面油画，
87.5 cm × 111 cm

《"王子"》（*Prinz*）
马克·佩恩哈特（Marko Pernhart），19 世纪中期，油画

《拳击手》（*Boxer*）

马克·佩恩哈特，19世纪中期，油画

斯洛文尼亚画家马克·佩恩哈特描绘的狗有一种宁静的警惕性，它们似乎发现了外界的某种响动，可是又觉得不值得急急忙忙冲出去，而是坚定从容地竖起耳朵，保持警醒，等有了更大的动静才会去面对。

佩恩哈特是19世纪斯洛文尼亚地区最著名的写实风景画家，他从小富有绘画天赋，15岁时先后跟名家学习绘画，曾经在慕尼黑艺术学院求学，在技法和文化趣味上受到奥地利文化的影响。他绘制了很多当地高山、湖泊、城堡的风景画，以描绘壮观的山水景观著称。那个时候正是自然景观成为旅游对象的时代，城市中的富有阶层纷纷到山水清新之地休闲度假。他描绘的狗肖像也如同那些风景画一样，似乎正在接受画家、观众宁静的审视。

《小狗》
18 世纪，象牙雕刻，日本艺术，6.4 cm×3.2 cm，纽约大都会博物馆

很少有画家关注狗休息时的状态，尤其是在狩猎画中，大部分艺术家都习惯于描述追捕、行动的猎犬。18 世纪末 19 世纪初著名的动物画家雅克·劳伦特·阿加斯（Jacques-Laurent Agasse）曾绘制过一幅《风景中的九只灵缇猎犬》，描绘了打猎休息的间歇，九只灵缇犬在林间空地上休息的场景。它们有的趴在地上，有的蹲坐，有的伸出前腿舒筋活骨，有的远眺，有的跳跃嬉戏，正在等待从远处缓缓过来的主人，或许这是一天狩猎结束的时刻，主人即将带它们回庄园。

《风景中的九只灵缇猎犬》（*Nine Greyhounds in a Landscape*）
雅克·劳伦特·阿加斯，1807 年，布面油画，63.7 cm×75.9 cm，美国耶鲁大学英国艺术中心

《驴子、狗和赶驴者》（*Donkey, dog and driver*）

卡尔·威廉·冯·海德克（Carl Wilhelm von Heideck），1831 年，布面油画，纽伦堡日耳曼国家博物馆

　　19 世纪末 20 世纪初，法国著名肖像画家卡罗勒斯·杜兰（Carolus Duran）曾绘制过一只正趴在床下休息的西班牙猎狗，这件作品可能是他 1861 年创作的大尺幅油画《拜访康复者》（*La Visite au convalescent*）的一部分。1861 年曾在画廊展出的这件油画，描绘了三位青年朋友前来拜访一位生病的画家，不巧进入病房时看到画家躺在床上睡着了，一位护士模样的女子示意他们不要出声，病人的床下有一只西班牙猎狗慵懒地趴着，似乎是瞄了一眼来客之后再次陷入了小睡中。或许病院题材的作品不好出售，后来杜兰将这一大尺幅作品割裂成几张小画出售，其中就包括这张狗的肖像。

《一只狗》（*Le Chien*），可能是《拜访康复者》的一部分
卡罗勒斯·杜兰，1861 年，布面油画，78.1 cm×165.1 cm

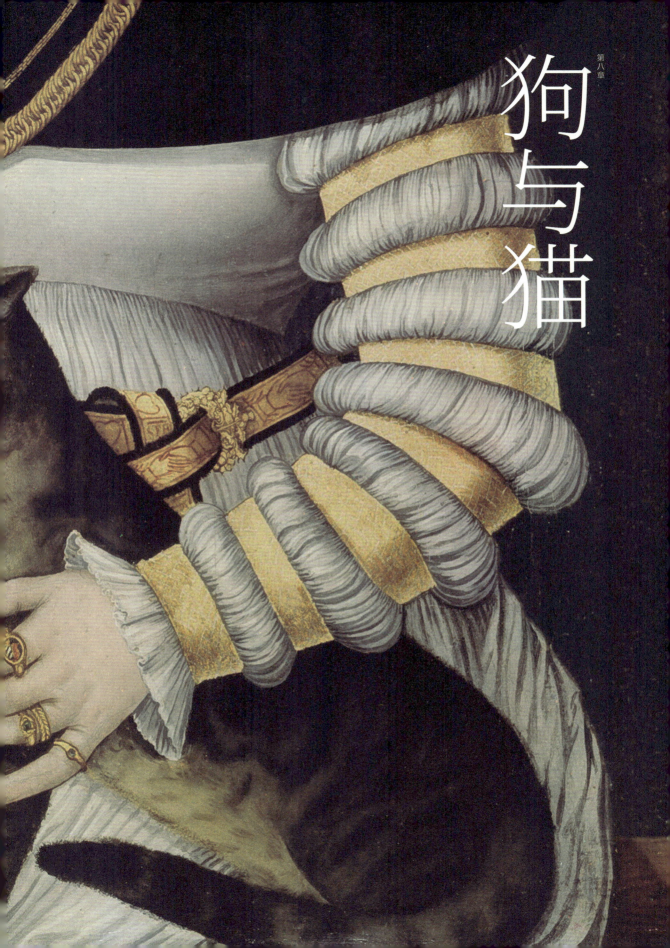

p246—247

《克莱菲亚·克里格·冯·贝丽肯的肖像》（*Portrait of Cleophea Krieg von Bellikon*，局部）
汉斯·阿斯珀（Hans Asper），1538 年，木板油画，77 cm×61 cm，苏黎世美术馆

　　狗和猫都是与人类关系亲密的动物。常言道，"狗是人类最好的动物朋友"，这句话揭示了，狗与人类的关系相比猫要更近一些。狗已经陪伴了人类 3 万多年，而猫与人的关系要疏远一些，大约在 1 万年前才开始与人发生比较亲近的关系：可能是近东地区的部落先民首先把当地的野猫驯化成了家猫，然后传播到附近地区，9 500 年前的塞浦路斯岛民就曾以猫的尸骸陪葬。

　　有科学家认为猫的驯化可能与狗类似，遵循了"共生"或"互助"的路径：从事农业种植的部落储藏粮食的时候，容易吸引老鼠等啮齿类动物聚集，人们的生活垃圾中也含有可食用成分，这都容易吸引猫、狗这类看上去对人畜无害的小型动物前来觅食。很快人类也发现它们的某些特性有利于自己，比如猫喜欢捕鼠，可以减少粮仓的损失，于是人类和猫就形成了互助关系，彼此长久地共处下去。

　　这一点在中国的考古挖掘中得到了证实。陕西华县泉护村遗址出土了 5 300 多年前的家猫骨骼，它们的食物中不仅有肉食，也包括粟、黍这类粮食，可能已经接受了人类的喂食，或者至少人类容忍了它们在村落中生活和觅食。不过，有考古学家认为泉护村遗址出土的家猫骨骼并非近东传来的家猫，而是本地人将东亚广泛分布的豹猫（拉丁学名：Prionailurus bengalensis）驯化所得的。也许因为豹猫的后代残留了更多野性，常干偷鸡吃鹅的事情，对儿童也有一定的威胁，因此后来从横贯欧亚大陆的"草原之路""丝绸之路"传来性情更温和的近东家猫品种以后，东亚人就不再饲养豹猫的后

代，现在全世界所有猫都只有一个祖先——近东野猫。

在中国，古代农家养狗、养猫主要是因为它们有防盗、捕鼠的实用功能，正如南宋诗人张至龙的诗所言："犬眠苍玉地，猫卧香绮丛。倘无鼠与盗，猫犬命亦穷。"

对不愁温饱的富贵人家来说，猫、狗也是重要的玩伴。南宋城镇中有一些富贵人家专门饲养宠物猫，如《梦粱录》里提到当时达官贵人中流行豢养"狮猫"，一般都是闺阁中妇女、儿童玩耍的宠物。许多画家描绘了猫咪在庭院中玩耍的画作。比如台北故宫博物院收藏的一张《富贵花狸图》中，描绘了一丛牡丹花下一只猫正在凝神观察，它脖子上系着红色的缎带装饰，似乎和落在地面的绳索是一体的，绳子另一头拴着的似乎是铃铛，这样当猫钻到角落里时，主人也能及时发现。

这些宠物猫因为得到主人的重视，吃得好住得暖，和看门犬的待遇有巨大的差别。宋末元初的诗人艾性夫曾经写过一首"借物喻人"的《猫犬叹》，讽刺宠物猫的谄媚无能，赞美看门狗的忠贞勤劳：

饭猫奉鱼肉，怜惜同寝处。

饲犬杂糠粃，呵斥出庭户。

犬行常低循，猫坐辄箕踞。

爱憎了不同，拘肆固其所。

虚堂夜搜搅，忽报犬得鼠。

问猫尔何之，翻瓮窃醢脯。

犬虽出位终爱主，猫兮素餐乌用汝。

　　家猫的作用仅仅是在住家、仓库附近巡视和捕鼠，不必接受人类的严格训练，对人类的帮助也没有狗那么大。在古代的大多数文化中猫都没有什么重要性，唯一例外的是古埃及。猫善于捕杀蝎子、蛇、鼠这类对埃及人造成很大危害的动物，于是人们把猫奉为神圣的灵物。古埃及禁止杀猫，许多庙宇饲养猫，并按仪式喂食它们。去过埃及的希腊历史学家希罗多德记载埃及人养的猫如果亡故了，整个家庭的人都要剃掉自己的眉毛表达哀悼，要把猫的尸体带到神庙中用香料涂身，制成猫木乃伊埋葬在地下墓穴中。

　　在埃及神话中，掌管月亮、生育和果实丰收的女神巴斯特（Bastet）最初的化身是凶猛的母狮子，后来则转化成为敏捷的猫的形象。据说她负责在夜晚守护太阳神，化身为猫杀死了攻击太阳神的蛇。对她的膜拜最早出现在埃及第二王朝，在第十七王朝时达到高潮，许多化妆盒、乐器、护身符和小神像上都出现了猫或者猫头女身的女神造型。

　　在欧洲，家猫在公元前5世纪已经传入希腊和意大利南部地区，可是只有极少数权贵当作宠物饲养，当时这些地方的人更喜欢饲养黄鼠狼、雪貂来捕鼠。到了中世纪，农家养的猫才多起来，欧洲也出现了一些有关猫的神话传说。可是在15～16世纪的"猎巫运动"

中，猫一度遭遇生存危机，它们被视为魔鬼、女巫的代理人，具有某种神秘而邪恶的力量。比如教皇格里高利九世曾宣称猫是"恶魔般的生物"，饲养猫的人被怀疑是巫婆，甚至会被处死，因此许多猫被杀害或者被赶出村镇。

17～18 世纪时欧洲贵族中流行养马、养猎犬，并形成了相应的社交文化，这时候养猫还没有如此受重视。直到 19 世纪末，欧洲人才像饲养宠物狗那样把猫也作为陪伴动物，人们开始举办猫展，引进稀有品种。

在近代都市中生活的宠物猫几乎不再承担任何实际的功用，在主人家中过着休闲、嬉戏的生活。可是猫和狗作为宠物要是共处一家的话，难免要经历彼此试探、争斗、适应的过程。它们相处的方式常常和多种因素有关：居室的大小、主人的权威性以及是否在场、物质的丰盈或短缺以及两者之间的实力对比。尤其是一些带有猎犬基因的狗，它们通常本能地喜欢追逐小动物，难免要和猫发生冲突。

如果主人的房屋、花园足够大的话，猫和狗都有更多的地盘可以活动，并没有强烈的竞争关系。比如中国古代大户人家饲养的狗主要在门口附近看家，猫主要在妇女居住的后院活动，它们不会经常碰面，这就避免了彼此争斗。可是到了近代的都市环境中，生活在公寓中的人如果同时饲养狗和猫，它们经常在有限的一两个房间中活动，便会出现有趣的互动关系，有时候是竞争性的，有时候则可以和平共处，甚至临时分享彼此的食物和领地。

19世纪末，擅长儿童和动物肖像题材的英国画家查尔斯·伯顿·巴伯（Charles Burton Barber）创作过一幅名为《悬念》的作品，一个金发蓝眼的小女孩坐在床上对着早餐在祈祷，她的宠物杰克罗素梗凝视着蛋杯和烤面包，一只虎斑小猫也在另一边盯着食物。小女孩祈祷完毕后，会分享一点食物给宠物吗？还是挥手把它们从床上赶走？

《悬念》（*Suspense*）
查尔斯·伯顿·巴伯，1894年，布面油画，78 cm × 98 cm

《晚餐》（*Dinnerparty*）

卡尔·莱克特，20 世纪初（1918 年之前），木板油画，28 cm × 34 cm

《静物与女仆》（*Still Life with Servant*）
保罗·德·沃斯（Paul de Vos），1668 年，布面油画，187 cm×216 cm，桑坦德银行基金会

《在海鲜和蔬菜等静物中打架的猫和狗》（*Fighting dog and cat with a still life of marine animals and vegetables*）
扬·凡·凯塞尔（Jan van Kessel）的工作室，1665—1679 年，铜版油彩，23.5 cm × 31 cm

《狗和猫们》（*Dog and Cats*）

阿瑟·海耶（Arthur Heyer），1931 年，布面油画，55 cm×68 cm

《狗和猫》（*Dog and Cat*）
阿瑟·海耶，1931 年，布面油画，50 cm×70 cm

《猫和狗与骨头》（*Hund und Katze mit Knochen*）
戈特弗里德·麦因（Gottfried Mind），19 世纪初（1815 年之前），水彩画印刷，瑞士国家图书馆古格曼收藏

18 世纪末 19 世纪初，欧洲城市的资产阶级中流行以动物肖像装饰自己的家，出现了好些以描绘动物著称的画家。瑞士人戈特弗里德·麦因虽然是个自闭症患者，可是他喜欢观察猫的情态，成了以画猫著称的艺术家，也描绘了很多猫和狗这一对欢喜冤家嬉戏、对峙和玩闹打架的场景。

《猫和狗争骨头》（*Hund und Katze, sich um Knochen streitend*）
戈特弗里德·麦因，19 世纪初（1815 年之前），水彩画印刷，瑞士国家图书馆古格曼收藏

　　这是配合当时流行的十四行诗的一套九张插画之一，描绘了一个女子在纺羊毛的间歇若有所思，一只调皮的小狗正在玩羊毛卷，猫则有点疲倦地待在椅子后面。

《快乐的秘密》（*Enigmes Joyeuses pour les Bons Esprits*）
扬·凡·哈奥贝克（Jan van Haelbeeck），1615 年，铜雕版画，11.1 cm×14 cm，纽约大都会博物馆

19 世纪末法国画家路易·欧仁·兰伯特（Louis Eugène Lambert）擅长画猫和狗，是当时最受欢迎的画家之一。他的油画《在沙龙里的一窝猫和一条狗》描绘了在房间的一角，大猫带着三只小猫占据了椅子和梳妆台的一个抽屉，一条小狗蹲坐在地上，它们各自对此都心满意足，是一幅难得的猫狗和平相处的安乐图。

《在沙龙里的一窝猫和一条狗》（*Family of Cats and a Dog in the Salon*）
路易·欧仁·兰伯特，1893 年，布面油画，41.5 cm×33 cm

参考文献

邓巴 . 邓巴博士养狗圣经 [M]. 夏超，译 . 北京：当代世界出版社，2013 年 .

霍曼斯 . 斯特拉不只是一只狗：关于狗历史、狗科学、狗哲学与狗政治 [M]. 夏超，译 . 桂林：漓江出版社，2014 年 .

科伦 . 狗故事：留在人类历史上的爪印 [M]. 江天帆，译 . 北京：生活·读书·新知三联书店，2007 年 .

约翰 . 狗：历史、神话、艺术 [M]. 黄英，译 . 北京：中国青年出版社，2011 年 .

MacDonald F.Dogs: A Very Peculiar History[M].Brighton: Book House, 2013.

Miklosi A.Dog Behaviour, Evolution, and Cognition[M].Oxford: Oxford University Press, 2014.

Miklosi A.The Dog: A Natural History [M].Princeton: Princeton University Press, 2018.

Pickeral T.The Dog: 5 000 Years of the Dog in Art[M].London: Merrell Publishers, 2008.

Ratliff E, Phillips A.Dogs: A Short History from Wolf to Woof[M].Washington: National Geographic, 2013.

Secord W.Dog Painting: A History of the Dog in Art[M].New York: ACC Art Books, 2009.

后记

　　这本书旨在从艺术史角度回顾人类和狗漫长而友好的互动关系。在旅行中，我翻阅过一些欧美作家、学者出版的关于狗演化史的著作以及狗与艺术史、绘画史的画册，常觉得这些书里对中国历史文化中的狗、狗的图像记叙比较浮光掠影，或许以后自己也能写点什么，提供一点来自中国作家的新视角。

　　在本书中，我把中国文化中的狗、艺术中的狗放在全球范畴中给予历史的回顾和比较，并侧重介绍中外文化交流因素中对狗的品种演化、关于狗的艺术创作的影响。另外，近年来分子生物学家从基因入手，对狗的起源和驯化有了新的解读，考古学家们也在世界各地发现了狗与早期文明发生关联的新证据，可以说一定程度上刷新了对狗和人类早期互动的认知。我试图将中外科学家、考古学家的这些研究成果也呈现在本书中。

　　在此，要特别感谢德国马克斯·普朗克人类历史科学研究所的考古学家玛丽亚·瓜宁博士授权本书使用她拍摄的早期狩猎岩刻的照片，这可能是 8 000 年前的人类最早创造出的狗的形象，构成了本书讲述的人类和狗在艺术上互动的一个重要起点。

　　人和狗的关联，是文明演变的一部分，这本书是从艺术方面理解这种关系的一个最新索引。我相信，伟大的艺术图像不仅仅见证了过往的历史，也可以激发读者此时此刻的情感、想象，让我们反思自己在文明中的角色，在未来与动物伙伴更好地和睦相处。

周文翰

2019 年 1 月

耕 雲

BE YOURSELF
IN
A WORLD